カラー版 ビールの科学

麦芽とホップが生み出す「旨さ」の秘密

渡 淳二 編著

ブルーバックス

本書は、2009年3月20日刊行のブルーバックス『ビールの科学』に、
最新の情報を盛り込んで増補・改訂し、フルカラー化したものです。

カバー装幀／芦澤泰偉・児崎雅淑
カバー写真／iStock／ゲッティイメージズ
目次写真／iStock.com/kuppa_rock
章扉写真／iStock.com/kokoroyuki
本文デザイン・図版制作／鈴木知哉＋あざみ野図案室

はじめに――ビールに訪れた「大変革の時代」

麦芽とホップが生み出す独特の香味と苦味が魅力のビールは、世界中で愛飲されている最もポピュラーなお酒の一つです。「とりあえずビール」という言葉が定着しているように、晩酌や酒席の最初の一杯はビールから、という方も多いことでしょう。

ビールの発祥は、紀元前3000年以前の古代バビロニアにあるとされています。すなわち、人類とビールの付き合いには、5000年以上におよぶ長い歴史があるわけですが、そのビールに「科学の目」が向けられたのは案外、最近のことです。

近代産業としてのビール造りが確立したのは19世紀の半ば以降ですが、科学としての醸造学が誕生したのもこれとほぼ同時期で、発酵過程を担う「ビール酵母」が発見され、その役割が解明されたのは同世紀末のことでした。はるか古代から造られ、親しまれてきたビールが科学的に理解され始めてから、ようやく120年ほどが経過したばかりなのです。

そして近年、比較的〝若い〟その「ビールの科学」が、新たな転換点を迎えつつあります。20世紀に大きく伸展した科学・技術の進化は21世紀に入ってさらにその速度を上げ、農学や醸造学など古典的な従来の科学のみならず、生命科学や脳科学、あるいは行動経済学やマーケティング理論といった社会科学の領域における研究成果が、ビール造りに活かされるようになりました。さらには、ICT（情報通信技術）、IoT（モノのインターネット化）、AI（人工知能）といった最先端のデジタル技術までもが、ビールのおいしさのさらなる追究・解明や、造り方・売り方の革新に影響を与えるようになってきています。

日本においては、2018年4月に酒税法が改正され、発泡酒や新ジャンルを含むビール類の定義が大きく見直されることになりました。従来のビールは、麦芽比率が67％以上で、麦芽とホップ、水の他に使用できるのは、麦、米、とうもろこし等の政令で定める副原料に限られていました。今回の改正で、麦芽の使用比率は「50％以上」に引き下げられ、新たな副原料として果実や一定の香味料（コリアンダー、こしょう、シナモン、さんしょう、カモミールその他のハーブ、野菜、ごま、牡蠣、こんぶ、かつお節等）を一定量（麦芽の重量の5％以下）、用いてよいことになったのです。

特に、麦芽の使用比率があらためられたのは明治41年（1908年）以来ということもあり、「110年ぶりにビールの定義が変わった！」とマスコミを賑わせたのは記憶に新しいところです。

ビール各社から早速、これら新しい副原料を用いた新商品が次々に発売された一方、今回の酒税法改正は「消費者の嗜好を追求した商品開発、地域の特色を活かした商品開発、国際的にも評価される商品の開発が進み、地方創生や国際競争力の強化にもつながることが期待され」(「平成29年度税制改正の解説」財務省)、2010年代に入ってブームを巻き起こしている地ビールやクラフトビールにとっても大きな追い風となるでしょう。

今回の酒税法改正では、今後2026年にかけて、3段階に分けてビール・発泡酒・新ジャンルの酒税が一本化されていくことも決まっています(ビールの税率は下がります)。ビールをめぐる状況は、まさしく「大変革の時」を迎えているのです。

いわゆるノンアルコールビールの伸張も見逃すわけにはいきません。ビールに比べても遜色のない味わいを安心して楽しめるノンアルコールビールは、ビール類の代替品として十分に満足できる香味をもつ飲み物として、また、より健康志向の商品としても脚光を浴びており、従来のビール愛好家だけでなく、女性や若者を中心とした新たな需要層を生み出しつつあります。

かつてビールは、同じ銘柄を飲み継いでいく飲み方が一般的でした。しかし、クラフトビールに代表されるように、多彩で個性的なビールが数多く登場してきた現代では、その楽しみ方にも新たなスタイルが定着しつつあります。たとえば、ライトな味わいのビールから始めて徐々に濃い味へと移っていく、あるいは絶妙な〝マリアージュ〟を求めて、食材やつまみの種類ごとに銘柄を変えていく、これはというお気に入りの一杯をじっくり楽しむ、といった飲み方は、ビールの新しい魅力を発掘・探求する試みでもあります。

本書は、長い歴史を有しながら、今なお進化を続けるビールを主役に据え、科学が明らかにしてきたその性質や醸造の原理、麦芽やホップ、酵母など原料のはたらきから、コクやキレ、のど越しの秘密、「最高においしく飲む」ための科学まで、あらゆる角度から光を当てる「ビール学」の集大成として書いたつもりです。著者らが実際に現地を訪れて試飲してきた世界各地のビールの魅力や、試行錯誤しながらレシピをアレンジした「ビールを使った料理」も紹介しています。今後のビール造りや楽しみ方がどのように変わっていくのか、来るべき「ビールの未来」にも目を向けた、現時点での決定版と自負しています。

なお、本書の原型となったのは、2009年3月に刊行したブルーバックス『ビールの科学』です。幸いにも多くの読者の支持を得て第10刷まで版を重ねた同書も、10年弱の時間を経て時代状況をフォローできていない記述が多々出てきました。最新情報を盛り込みながら全面的に加筆・修正を施し、図版・写真をフルカラー化したのが本書です。新しい読者にはもちろん、旧版の読者にも楽しんでいただけるよう、工夫して書いてあります。

ビールの科学を知れば、よりおいしくビールを楽しめるようになります。本書が、ビール愛好家の喜びを増やし、ひいてはビール文化のさらなる発展につながることを願ってやみません。

渡 淳二

もくじ

第4章 明日もおいしく楽しもう!——「ビールの科学」最前線 121

第5章 人類とビールの5000年史——人はどのようにビールを造り、飲んできたか 155

column

第1章

「とりあえずビール」のその前に

——いくつ知っていますか？　ビール「基本の20題」

1-1 数字で見るビール像

日本は世界7位のビール大国！

現代社会において、ビールほど世界中で広く飲まれているお酒はありません。その歴史は古く、5000年ともいわれる長いあいだ、人々に愛されてきました。その間、ビール醸造は連綿と発展し続け、19世紀に近代的な産業としてビール醸造業が確立しました。

2016年の統計では、世界のビール消費量は1億8689万kLに達しています。表1-1に示した国別の消費量を見ると、世界第1位は中国（4177万kL）、2位はアメリカ（2425万kL）、3位はブラジル（1265万kL）、4位はドイツ（841万kL）、5位はロシア（841万kL）、6位はメキシコ（799万kL）、そして7位が日本（525万kL）となっています（註：日本についてはビール・発泡酒・新ジャンルの合計値）。

日本の消費量は、大瓶換算でおよそ83億本にもなる数字です。ほぼ10年前の2007年の統計（世界の総消費量は1億7552万kL）との比較では、2016年は微増となっており、国別順位では3位のロシアが5位に落ちました。また、9位、10位に位置していたスペイン、ポーランドが10位、11位に落ち、代わりに、ベトナムが9位にランクインしています。

順位	国名	総消費量（万kL）
1	中国	4,177.2
2	アメリカ	2,424.5
3	ブラジル	1,265.4
4	ドイツ	841.2
5	ロシア	840.5
6	メキシコ	798.8
7	日本	525.1
8	イギリス	437.3
9	ベトナム	411.7
10	スペイン	390.9

表１−１　世界の国別ビール消費量（2016年）

※日本の消費量については、ビール・発泡酒・新ジャンルの合計
（キリンホールディングスHPニュースリリースデータより）

世界的な消費量は微増にとどまっていますが、中国、ブラジル、メキシコ、ベトナム等で伸びている一方、アメリカは横ばい、ドイツ、ロシア、日本、イギリス等は減少しています。概して、ビール市場が成熟した国で消費量が減少傾向にあるといえそうです。

日本は、２００７年の総消費量６２８万kLに対し、２０１６年は５２５万kLと、９年間で約16％の大きな減少となっています。それでも、ベスト10圏内をキープしており、10年連続で世界７位にランクされています。世界を代表するビール大国の一つといっていいでしょう。ちなみに、日本人の一人あたりの消費量は２０１６年で41・４Lですが、一人あたり消費量１位はチェコの１４３・３Lで日本人の３倍以上も飲んでいることになりま

す。ドイツも104・2Lであり、さすがはビール大国です。

ビール文化が根づいてまだ60年

とはいえ、日本国内のビール史が始まったのは明治時代に入ってからのこと。わずか150年ほどしか経っておらず、しかも、現在のように日常的に飲まれるようになったのは戦後の急速な経済復興の後でした。つねにビールの消費量を上回っていた清酒（日本酒）にようやく追いついたのが1959年（昭和34年）のことで、その後も飛躍を続けたビールは、酒類中の王座を占めるようになったのです。したがって、ビールが本当に日本人の日常生活に定着した期間は、まだ60年程度といえます。

身近な存在となったビールですが、日本古来の清酒のように歴史や文化が確立しているわけではありません。おいしい飲み方や楽しみ方などについても、多少ビールに詳しい人でも、意外と知らない事実や誤解があることも多いようです。

本書では、ビールにまつわる文化や歴史、製法の進化史から最先端技術までお伝えしますが、まずは、一般の消費者の方から日常よく訊ねられるビールに関する20の疑問について、Q＆Aの形でお答えしていくことにしましょう。

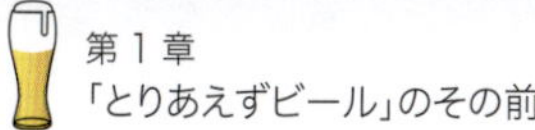

1-2 Q&A「ビール学」事始め

Q 「ビール」の語源って何?

A 「ビール」という音の響きは、そもそもどこから来ているのでしょうか? 諸説ありますが、ラテン語の「ビベル」(飲み物)から来たという説と、ゲルマン語の「ベオレ」(穀物)に由来するという説の二つが有力視されています。

ラテン語説によるならば、まさに「飲み物」そのものの意味をもつほど、昔から人々の生活に密着していたのでしょう。ちなみに日本では、江戸時代中期、幕府の役人とオランダ商館長との問答を記した書物に「名はヒイルと申候」という記述が出てきます。これが、日本最初のビールに関する記述ではないかとされています(189ページ「5-4 日本のビールの歴史」参照)。

Q 「生ビール」と「ラガービール」はどう違う?

A ビールを注文する際によく耳にする言葉に、「生ビール」と「ラガービール」があると思います。生ビールとは、熱処理をしていないビールのことです。製造のろ過工程で酵母などが完全に取り除かれ、パッケージングも無菌的に行われるため、微生物の殺菌工程である熱処理が必要ないのです。かつては、ろ過技術も精密でなく、またパッケージング工程も無菌的に行えなかったため、瓶や缶に詰めた後に60℃で30分程度の熱処理（低温殺菌：パストリゼーションといいます）を施していました。これを、生ビールに対して熱処理ビールといいます。

一方、ラガービールとは、ビールを低温（0℃前後）で熟成させたビールのことです。「生」か「熱処理」かは関係ありません。ラガーはドイツ語の「lagern」（貯蔵する）に由来します。

Q 生ビールはどうやってジョッキに注ぐの？

A 簡単にいえば、炭酸ガスボンベから送られてきた炭酸ガスが、ガスホースを通してビール樽へ送られ、樽内のビールを押し出します（図1-1）。押し出されたビールは、ビールホースを通ってサーバーに送られ、サーバー内のコイルを通るうちに冷却されて、サーバーのカランに到達した後、ジョッキに注ぎ出されます。こうしたサーバーは「瞬間冷却式サーバー」とよばれ、常温の樽生ビールを使うことができます。また、「樽格納式サーバー」という形式のサーバーもあり、こちらは生ビール樽を冷蔵庫内に格納して冷やしておき、それをサーバー内で冷却せずにそのままジョッキに注ぐタイプとなっています。

生ビールをおいしく注ぐには技術が必要で、前提として①ビール回路の洗浄とジョッキ類の洗浄、②ビール温度に合わせたガス圧調整、③ビール樽の正しい取り扱い方、の3原則があり、そ

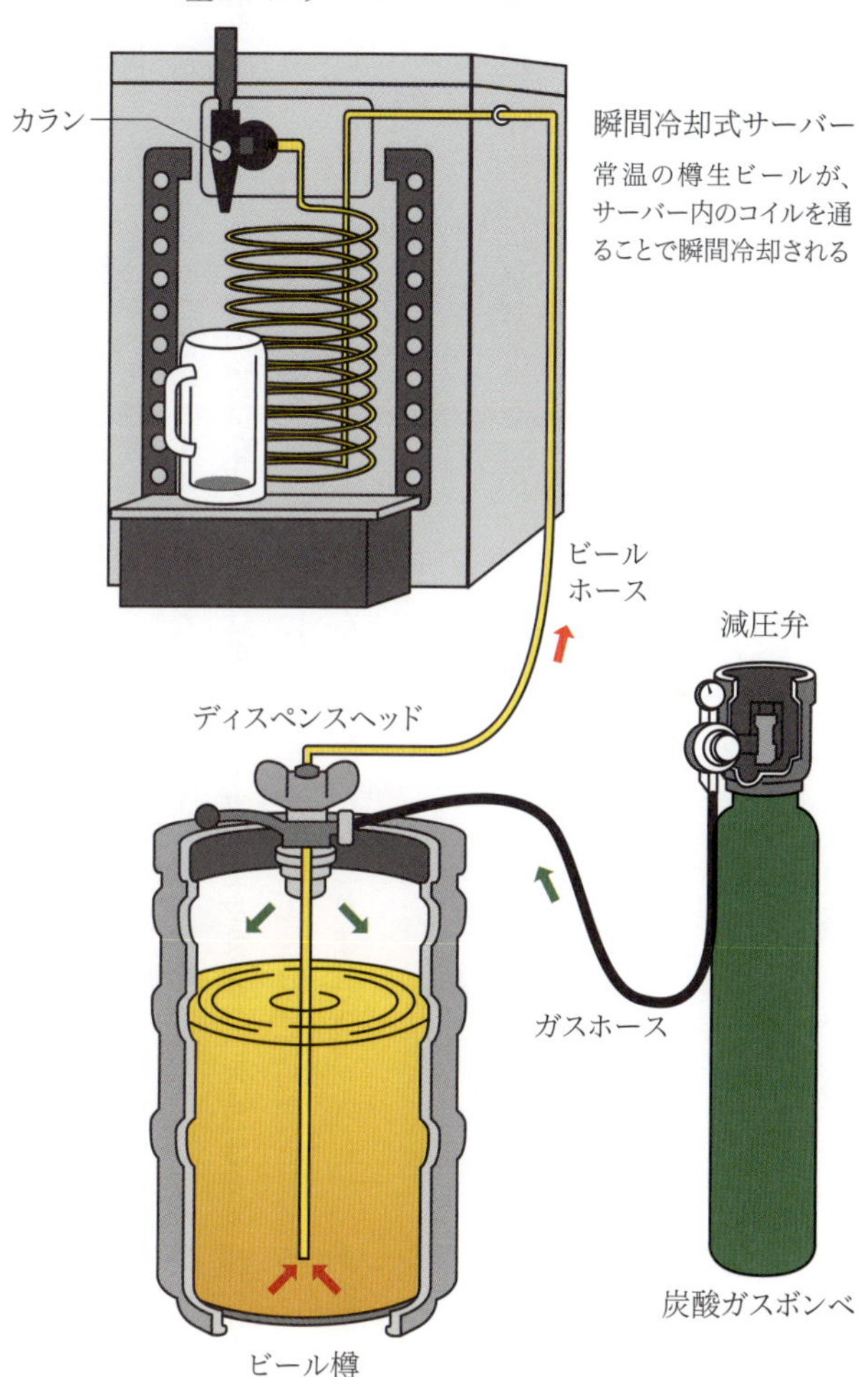

図1－1　生ビールサーバーの構造

の他、プロならではの秘伝があります（第7章参照）。

Q　黒ビールはどうやって色をつけるの？

A　通常の澄み切った色のビールとは異なり、黒ビールは濃厚な色をしています。この色は、色素を添加してつけたものではなく、原料に黒麦芽やカラメル麦芽という色麦芽を用いているのです。色麦芽は、大麦から麦芽をつくる際に、より焦がした工程を経てつくられます。ちょうど、コーヒー豆を深煎りするのを想像してもらうといいかもしれません。こうして、あの独特の香りと色や味の深みが生まれるのです（第3章参照）。

Q　ビールの泡はなぜ消えないの？

A　ビールの泡は、炭酸飲料やシャンパンの泡と違ってすぐには消えません。それは「泡持ち」がよいからです。ビールの場合、泡が比較的長時間、保持される能力が高くなっています（詳しくは122ページ「4－1　「ビールの泡」を科学する」参照）。
ビールの泡は、「泡立ち」「泡持ち」だけでなく、「きめ細かさ」「ジョッキへの付着性」「質感」等、総合的に評価されます。良い泡は、①ビールが正しく造られたこと、②ビールが正しく注がれたこと、③ビールが正しく飲まれたこと、の三つの証しです（第7章参照）。

泡は、視覚的にビールのおいしさを感じるために必要不可欠ですが、見た目だけではなく、中身のおいしさにも一役買っています。泡によってビールが直接、空気に接触するのを防ぎ、空気中に含まれる酸素による酸化を抑えるからです。つまり、たとえビールを飲む短い時間でも、泡なくしては新鮮な香りや味を保つことはできないのです。

Q ビールの味は麦で決まるの？

A 漢字では「麦酒」と書かれるだけに、麦そのものの味が大きくビールの香味を左右します。実際には、麦を発芽させてつくる「麦芽」が大きく影響してくるのですが、そのつくり方や製造過程における熱の加え方などが、ビールの色や香味の骨格に大きく寄与します（第3章参照）。

ただし、ビールは麦芽とホップから麦汁をつくり、それを酵母で発酵させて造るため、その味は麦芽だけで決まるものではありません。ホップは、ビール造りに欠かせない原料であるアサ科の多年生植物で、その特有の香りや苦味が直接的にビールの香味に影響を与えます。また、発酵のプロセスでは、酵母の種類や発酵のさせ方によってもビールの香味は大きく変わってきます。すべての原料とすべての工程がビールの味に関わってきますが、なかでも麦芽はビールがビールたるゆえんの原料であり、「麦芽はビールの魂である」ともいわれています。

Q ビール、発泡酒、新ジャンルはどう違うの？

A 読者のみなさんの中にも、居酒屋ではビールを飲むけど、家ではもっぱら発泡酒や第3のビールとよばれる新ジャンルを飲んでいるという方もいらっしゃると思います。そもそも、ビールと発泡酒、新ジャンルの違いとはなんでしょうか？

一言でいえば、日本の酒税法では、ビール、発泡酒、新ジャンルそれぞれに使用できる原料や製法が細かく決められており、たとえ味わいが近いものであっても、使用する原料や製法が異なれば、お酒の種類が変わってしまうのです（第6章参照）。

なお、２０１８年4月1日から酒税法が改正され、日本におけるビールの定義が見直されました。改正前に比べて、ビールでの原料（麦芽、副原料等）の使用比率や種類の選択が広がったのが特徴です。この定義見直しで、風味豊かで個性的なビールの開発が今後いっそう進むことでしょう。

また、酒税は、基本的にお酒の種類によって決まります。つまり、ビールよりも発泡酒や新ジャンルの小売価格が安いのは、酒税が安いことが大きな理由となっています。

Q 地ビールやクラフトビールは、ふつうのビールとどう違うの？

A クラフトビールという呼称はアメリカから入ってきた言葉ですが、現在は地ビールとクラフトビールはほぼ同義として使われていることが多いようです。また、日本にはクラフトビールの明確な定義は存在しませんが、アメリカでは「全米ブルワーズ協会」(Brewers Association)による定義があります。

この定義によれば、醸造場が①小規模(年間生産量約70・4万kL未満)で、②独立性(大手ビールの資本が25%未満)と、③伝統性(伝統的、もしくは革新的なビール用の原料と発酵方法で醸造)がある、という三つの要素を兼ね備えていることが条件とされています。小規模といっても、70・4万kLまでという生産量は、日本の感覚では相当に大きな醸造場まで含みます。

また、アメリカにはその他の小さな醸造所の定義もあり、スモールブルワリー(年間生産量約1800kL以上1万2000kL未満)、マイクロブルワリー(年間生産量約1800kL未満)、パブブル(パブリックハウスとブルワリーを組み合わせた造語で、敷地内で小売り目的のビールを醸造する小売店、レストラン等のマイクロブルワリーの一種)という分類になっています。

なお、クラフトビールについては、102ページ「3-4 クラフトビールの楽しみ方」をはじめ、第4章や第5章、第6章で、原料や製法、歴史・文化の側面からも詳しくご紹介します。

Q ノンアルコールビールってどうやって造るの?

A 正式には「ノンアルコールビールテイスト飲料」とよばれるいわゆるノンアルコールビール

は、日本ではアルコール分1度未満のビールテイスト飲料のことです（酒税法により、アルコール分1度以上のものは酒類に分類されます）。

以前から、「低アルコールビール」という製品ジャンルがあり、アルコール分を低減する技術は古くから開発されてきました。最近では、その技術を応用したノンアルコールビールが世界的にも多く発売されており、たとえばビール大国のドイツでも、ピルスナータイプだけでなく、ヴァイツェンタイプやデュンケルタイプのノンアルコールビールなど、さまざまな味わいのものが登場しています（ビールの各タイプについては後述）。

日本でも、スーパーなどの店頭でノンアルコールビールをよく見かけるようになりましたが、その原料や製法はさまざまで、また味わいも年々向上しています（112ページ「3－5　ノンアルコールビールはどう造られる？」参照）。

Q 瓶ビールと缶ビールでおいしさは違うの？

A 瓶ビールと缶ビールでは味が違うと思っている人もいるようです。しかし、中身はまったく同じです。瓶ビールはグラスに注いで飲みますが、缶ビールはグラスに注いで飲む場合と缶のままじかに飲む場合があります。缶のまま飲むと、グラスに注ぐ場合に比べて炭酸ガスがほとんど抜けないため、舌にピリピリ感を感じやすくなります。瓶ビールや缶ビールも、グラスに正しく注いで飲めばビアホールの生ビールと変わらないうまさを実現できます（第7章参照）。

また、ビールの泡には原料のホップ由来の苦味成分が濃縮されているため、缶のまま飲むと泡ができないことでホップの苦味成分が泡として分離されず、苦味を強く感じることがあるかもしれません。さらに、缶に唇や舌が触れると金属味を感じることがあり、こうした微妙な差違を、瓶ビールと缶ビールの味の違いとして認識してしまう可能性が考えられます。

Q　ビール瓶の容量は、どうやって決められたの？

A　ビール大瓶の容量は、各社とも633mLに統一されています。その経緯は、昭和15年（1940年）まで遡（さかのぼ）ります。この年、新しい酒税法が制定されたことで、徴税のための容器としてのビール瓶の入味容量を正確にし、統一する必要が生じたのです。

当時の大日本麦酒の10工場と麒麟麦酒4工場の容量を調査したところ、3・57合（643・992mL）から3・51合（633・168mL）まで、メーカーはもちろん工場によってもばらついていることが判明しました。そこで、最も小さい瓶に合わせれば、それより多めの瓶も使用できるということで、昭和19年（1944年）に大瓶の容量は3・51合と決められたのです。

その後、昭和26年（1951年）のメートル法の施行により、633mLに換算されたのが現在の大瓶の容量となっています。小瓶も同様の経緯で、334mLと決められました。なお、500

mLの中瓶は昭和32年（1957年）に登場しました。

Q 缶ビールの缶は昔に比べて軽くなったような気がしますが？

A 缶にはさまざまな軽量化の工夫がなされてきています。

まず、アルミ缶の軽量化策として、従来から缶胴の薄肉化が進められています。缶胴の最も薄い部分は、新聞紙と同じくらいの0・1㎜程度です。一方で、缶胴の厚みが薄くなることで強度が下がり、鋭利な突起物に接触するとピンホールが発生して漏れにつながることもあります。薄肉化は、強度維持とのバランスを図りながら行う必要があります。

その他の軽量化策として、缶蓋の形状変更による軽量化が取り組まれています。たとえば、缶胴の直径はそのまま維持して、缶蓋付近の絞りを従来よりも小さくすることで、直径の小さな缶蓋を使用し、缶蓋のアルミ使用量を削減する方法があります。このようなアルミ缶の軽量化は、原料となるアルミニウムの削減やアルミ缶のリサイクル使用とともに、省エネ・省資源で地球温暖化防止にも貢献します。

Q ラベルには何が書いてあるの？

A 日本のビールメーカーが製造したビール瓶のラベルや缶の側面を眺めると、商品名やデザインとなる部分の他に、さまざまなことが細かく表示されているのに気づくのではないでしょうか。これらの多くは、ビール酒造組合による「ビールの表示に関する公正競争規約」という、国産ビールの表示に関する定めに則(のっと)ったものです。図１‐２に、缶ビールの表示の例を示します。

同規約に定められた必要な表示事項を記載しておけば、関連する種々の法規である酒類業組合法、食品衛生法、景品表示法、ＰＬ（製造物責任）法などの必要事項を自動的に満たすようになっています。たとえば、「ビールである旨」「原材料名」「賞味期限」「保存方法」「内容量」「アルコール分」「事業者の名称及び所在地」「取扱上の注意等」などです。

では、こうした項目以外は、なんでも自由に表示してよいのでしょうか。実はそういうことにはなっておらず、「特製」や「吟醸」といった製造方法に関する文言や、「高濃度」「高アルコール」といった品質・成分に関する文言は、いずれも「ビールの表示に関する公正競争規約」施行規則の定めに則ることによって、初めて表示できることになります。

Q　冷やしすぎのビールはおいしくないの？

A　夏の暑い盛りやお風呂上がりに飲む冷たいビールは、このうえない幸福感をもたらしてくれます。しかし、冷やしすぎはかえってよくありません。まるで氷水のような冷やしすぎのビールでは、冷たさだけが過度に感じられ、本来の味や香りといったおいしさを楽しめなくなるので

図1－2　ラベルの表示例

※印は任意の表示事項です。(ビール酒造組合のウェブサイトより改変)

す。ビールの泡立ちも悪くなってしまいます。
さらに、過度に冷やしたり凍らせたりすると、ビールの成分が澱（おり）となって沈殿することもあるので注意したいところです。おいしく飲むためには、一般的には6〜8℃くらいが目安ですが、夏はやや低め、冬はやや高めにするのが適温とされています。ビールの科学的においしい飲み方については、第7章で詳しくご紹介します。

Q 冷やさないほうがおいしいビールってあるの？

A 日本で通常飲まれているピルスナータイプのビールは、適度に冷えたほうが爽快感があっておいしく飲めます。しかし、ビールの種類によっては、あまり冷えていないほうがおいしいものもあるのです。代表例が、英国で飲まれるエールです。好みにもよりますが、グラスに注がれたぬるめの液をちびちび飲んだほうが、香りも十分に感じられ、味わいも深まります（第5、9章参照）。

Q ビールのカロリーは他のお酒に比べて高いの？

A ビールに限らず、お酒のカロリーは大半がアルコールによるものです。通常のビールでは100mLで40〜50キロカロリー程度になりますが、ワインでは約70キロカロリー、日本酒では約1

00キロカロリー、アルコール分25%の焼酎では約140キロカロリーとなっています。ビールは、お酒の中ではアルコール度数が比較的低く、カロリーも低めのお酒といえます。

Q ビールは痛風の原因になるの？

A アルコール飲料の中で比較すると、ビールは確かに、他のお酒に比べて痛風の原因となるプリン体が多く含まれているようです。しかし、通常の食品の中にも、ビールよりはるかに多くのプリン体を含むものが多くあり、食品分類上ではプリン体含量はきわめて少ない部類に入ります。

痛風の原因は、食品に含まれるプリン体だけではなく、アルコールが血中尿酸を上昇させることにもあり、また、食生活やストレス等が複合的に関与しているともいわれています。ビールと痛風の関係については、第8章であらためて考えます。

Q 賞味期限が切れたビールは飲めるの？

A 賞味期限とは、商品の安全性と品質（風味、外観、成分）が十分に保たれる期限をいい、種々の状態での保存試験の結果をもとに、十分な余裕をもたせて設定しています。したがって、賞味期限を過ぎたからといって、ただちに飲めなくなるというわけではありません。

一般に、賞味期限が過ぎたビールを「老化ビール（劣化ビール）」といいます。保存条件にもよりますが、老化ビールは香味が酸化し、段ボール紙のような紙臭（かみしゅう）や甘くて重い香りが強くなり、また、色も濃くなってきます。澱や沈殿物が発生する場合もあるため、できるだけ新鮮なものを飲むことをお奨（すす）めします。

Q 世界にはビールの種類はどのくらいあるの？

A 「麦とホップを主原料として、酵母で発酵させる」という点を基本としつつ、発酵のタイプや、色や産地等でビールは分類されます。発酵のタイプには、下面発酵ビールや上面発酵ビール、自然発酵ビールが、色では淡色、中等色、濃色ビールが、産地ではドイツ、チェコ、ベルギー、イギリス、アメリカ、日本等でそれぞれ独自のタイプがあります。その他に、使用原料（大麦以外）、アルコール度数等の点でいっても、さまざまなものがあります。日本では、ビールといえばピルスナータイプが主流ですが、世界的には数え切れないくらい多くの種類があるのです（第5章参照）。

Q 日本にビール会社はどのくらいあるの？

A アサヒ、キリン、サッポロ、サントリー、オリオン社の大手5社に加え、1994年の規制緩和（ビールの製造免許を取得する際に必要な年間最低製造数量が2000kLから60kLに引き下げられた）以降、いわゆる地ビールを製造する会社が全国にできました。「地ビール製造免許場数の推移」（国税庁、2018年3月。大手5社や試験製造免許に係る製造場は除く）というデータによれば、1994年以降の数年間は急速に増え、1999年のピーク時には264場が存在しました。その後、2009年までは200場以上を維持していましたが、翌2010年以降は200場を割っており、2016年の時点で182場となっています。

昨今のクラフトビールブーム等を受け、今後は地ビール製造場数が増加する可能性があります。

*

ビール会社として、よく消費者から受ける「ビール基本の20題」は、いかがでしたでしょうか？　ビールについては、「知っているようで知らない秘密」がまだまだたくさんあります。以下の章で、「ビールのおいしさ」の秘密や「ビールの楽しさ」、そして「ビールの効用」などを説明しながら、読者のみなさんを人類の叡智の塊である「ビールの世界」へと誘います。

読後にはきっと、おいしいビールを飲み、おいしい料理を食べ、ビアライゼ（ビール飲み歩きの旅）に出て、家族や仲間と楽しく語らいたくなることでしょう（第9章参照）。

第2章

ビールはなぜ「おいしい」のか

——コク、キレ、のど越しを科学する

2-1 「ビールらしさ」とはなんだろう？

ビール独特の香りと味の源泉は？

ビールは、喉を潤す作用をもつアルコール飲料として、世界のほとんどの国で生産されています。お酒の中では最も生産量が多く、広く愛されているアルコール飲料です。ビールはまた、一人で静かに飲むというよりは、仲間と一緒に楽しく語らいながら飲むことが多く、コミュニケーションを促進してくれる側面もあります。ストレス発散に一役買い、日々の生活に潤いを与えてくれる存在だといえるでしょう。

一般的なビールの成分は、重量でみると水分が約92％を占め、アルコールが4％程度（容量では5％）、エキス分が3～4％程度、炭酸ガスが0・5％程度となっています。pH（水素イオン指数）は4・2～4・5の、いわば「淡い香味の、ほろ苦味を有した、炭酸入りアルコール溶液」です。原料である麦芽やホップなどから移行した成分と、酵母による発酵で生成した成分によって、ビールらしい独特の香りと味が与えられます。

ビールは、他のお酒に比べて低アルコールで飲みやすく、低い温度で飲み、炭酸ガス含量も高く、ホップの爽快性を有する苦味成分などのために、いわゆる「ゴクゴク飲む」シーンに適しています。たとえば、カラカラになった喉の渇きを潤したい場合など、他のお酒では代替できない爽快さをもたらしてくれます。また、気分的にリフレッシュしたいとき、たとえば仕事後のオン／オフの切り替えとして同僚と会社帰りに軽く飲む場合などで、最初の一杯はビールだという人は多いでしょう。

家族や気の合った友人との楽しい食事会や、公式なパーティー・懇親会の場でも、ビールでの乾杯が定着しています。大いに話していると喉も渇くでしょう。そこで、ビール独特ののど越しや冷涼感、爽快感を楽しめるように、ジョッキのような大容量のグラスでゴクゴクと飲むことが多くなるものと考えられます。

ワインや日本酒との違いは？

私たちに身近な三つの醸造酒、すなわちビール、ワイン、清酒（日本酒）に含まれる成分量を比較してみましょう。まず、アルコール分（容量）を見ると、清酒で15％前後、ワインで12％前後あるのに対し、ビールの場合は５％程度と大きく開きがあり、低アルコールのお酒の部類といえます。

甘味やボディー感（飲みごたえ）に関与する糖分は、ビールで３～４％、清酒で２～５％とほぼ同じですが、ワインでは１～７％と幅が大きいようです。酸度は、ビールと清酒では同等ですが、ワインはきわめて高くなっています。ワインでは乳酸、コハク酸、リンゴ酸、酒石酸、クエン酸などの有機酸含量が高いためで、強い酸味を示します。ビールでは、炭酸が酸味を補っています。

一方、味のコクに関与する窒素成分は清酒が最も多く、グルタミン酸などのアミノ酸やペプチド（アミノ酸が複数個つながったもの）が、奥深く、複雑な旨味を呈します。渋味や収斂味（キレ）を示すポリフェノール類はワイン中に大量に存在し、ビールにも比較的多く含まれています。

さらに、酢酸エチルや酢酸イソアミルなどのエステル類とよばれるフルーティーな芳香性の香気成分は、清酒やワインに比べてビールでは数段少なく、また、清酒やワインに比べて飲用温度が低いビールでは、そのぶん香気が立ちにくいため、清酒やワインに比べておだやかな香りを呈することになります。

お酒としてのビールの効用の本質は、リフレッシュ感やリラックス感などにあるかもしれません。ビールの炭酸ガス、ホップ成分、ほろ酔い加減になれる程度のアルコール含量、舌や喉を潤す適度な旨味成分などは、ビールの本質を成分的に裏づけているものと思われます。

「ビールの香り」の正体とは？

　このように、ビールは他のお酒に比べて一般的に香味がおだやかです。

　ビールの香りは、麦芽香（麦芽由来の香ばしい香り）、ホップ香（ホップ由来の高貴で爽快な香り）、エステル香（酵母の発酵によって生成するフルーティーな甘い香り）の3本柱が中心となっています。なかでも、ホップの香りや苦味が結構強いものです。他の多くの香味成分は、少しずつ影響を与えながらも突出することなく、微妙な香味バランスの上に成り立っているきわめて繊細なお酒といえます。

　現代の分析化学の力によって、ビールの香りの成分としておよそ600ともいわれる香気成分が知られていますが、個々の成分の含量は少なく、閾値（その成分の香味を感じる最小の濃度）に近い含量の香気成分の数は、一部の高級アルコール、脂肪酸、エステル類、ホップ成分など、わずか30ほどにすぎません。つまり、単独で「これがビールの香り！」といえるものはほとんどなく、閾値以下であっても、それら成分どうしの相乗効果や相加効果、複雑なバランスによって、ビールらしさや、それぞれの印象、個性が決まっているのです。

2-2 「コク」と「キレ」はどこから来るのか

そもそも「コク」「キレ」とは？

本章の最初にも述べたとおり、ビール独自の価値で他のお酒では代替できない最も基本的な特性は、「喉の渇きを癒やし、爽快感を与え、しかもおいしく、次の一杯も新たにゴクゴクおいしく飲める」点にあります。これは「お酒として適度な味の深みがありながら、その味が口内で引きずられることなく、飲み終わるとさっと飲む前の状態に復帰し、次の一杯でまた新鮮なおいしさを感じる」ことであり、この特性をビールの「コクとキレ」という言葉で表現します。

「コク」は、濃い深みのある旨味を指します。一般的には、料理をつくる際に肉や野菜を長時間煮込んだり、また味噌や醤油などの発酵食品で長期間熟成することによって穏和な味にまとまり、厚みや広がりが得られたときに、「コクがある」と表現します。「コクがあっておいしい」とはいいますが、「コクがあってまずい」とはいわないように、コク自体はおいしさと深いつながりがある主観的な表現です。

酒類で見ると、清酒のコクは「ゴク味」とよばれ、アミノ酸やペプチドの旨味成分のほか、糖類の甘味と有機酸などの酸味のバランスが寄与していると考えられています。ゴク味は、バランスのとれた適度な「厚み」のある味を意味し、そのバランスが崩れ、嫌みに感じるときには、「雑味がある」「くどい」「重い」「しつこい」などという表現になります。

これに対してビールのコクとは、香味の強さ（濃さや力強さ）、広がり、ハーモニー（深さやまろやかさ、心地よさ）、ボディー感（飲みごたえ）を表現し、口に含んだときに感じる香味の総合的な強度を示します。ドイツでは「フォルムンディッヒカイト」（Vollmundigkeit：濃醇さ）と表現され、ビールの品質として重要視されています。

味の「落差」がキレを生む一因

続いて「キレ」です。清酒のキレは、後味がすっきりしていて軽快なことを意味し、淡麗な清酒はキレが優れています。清酒は甘味が特徴でもあるので、キレはその甘味に引きずられないために必要なのでしょう。

ビールのキレとは、香味の純粋さやシャープさ、軽快感やすっきり感を表現し、飲み込んだ後の香味の持続性や消失の速さを示します。ドイツでは「シュナイディッヒカイト」（Schneidigkeit：爽快さ）と表現され、フォルムンディッヒカイトとならんでよいビールに必須の特性です。

キレは単に味の消失の速度だけでなく、「ビールを口に含んだ後に達する味の最大の厚みやボリュームからの落差」とも関係があります。この落差が短時間で大きければ味のメリハリをよく感じ、キレがよいと感じることになるでしょう。いくら味の消失速度が速くても、その落差が小さければ、厚みがなくメリハリのない平板な味に感じるはずです。ビールが口に入り、香味がぐっと最高潮に達し、その後速やかに消失するという、香味の量や質、そして時間の経過が関与するダイナミックな一連のプロセスが、ビールを飲み、味わうという単純な行為の裏に存在するのです。

コクやキレにはビール中の多数の成分が関わっており、特定の成分含量だけで説明することは、いまだできていません。ビール中のアルコール、糖類、苦味成分、アミノ酸、核酸、有機酸、ポリフェノール、炭酸ガスといった多くの成分が、その量だけでなく量比のバランスや複雑な相互作用を介して、ビールのコクやキレに寄与していると考えられます。このように、コクやキレはなかなか一言で説明し得ない複雑な要素を含んでいます。

ビールに含まれる数百もの香味成分のハーモニーを「量的概念」として表現する言葉が、「濃い」「強い」「飲みごたえ、ボディーがある」などであり、それらが「コク」としてまとめられる一方、ハーモニーの「質的概念」は「きれい」「すっきり」「まるい」「雑味がない」などと表現され、それが「キレ」として扱われていると説明する研究者もいます。

ビールのコクとキレは、決して相反する言葉ではなく、コクもキレもあるのが理想的なビールです。「コクがあってキレがいい」ビールは、濃醇でありながら爽快さも感じられ、ビールとしての味のメリハリがあって、いわゆる「起伏のある味」といえます。「コクがあってキレがない」ビールは、あえていえば、味わいはあっても重い感じの平板なビールという印象です。

しかし、コクやキレはもともと相対的なものであり、それぞれのビールにおけるバランスも存在します。個人の嗜好としての側面もあり、一概にどのレベルであるべきとはいえない面もあります。

麦芽成分がコクの主役

エキス分やミネラルなど、ビールに含まれるアルコール、炭酸ガス、水以外の成分は、ほとんどが麦芽由来です。一般に、これら麦芽由来成分が多いほど、ビールにコクが加わります。米やトウモロコシなどの副原料の使用比率が高いほど、軽い味わいになる傾向がありますが、それだけですっきりキレのよいビールになるわけではありません。

最近は、ポリフェノールを多く含んだ緑茶やウーロン茶の健康機能性や味の濃さが話題になっていますが、ビールにも麦芽由来のポリフェノールが多く含まれています。ポリフェノールには渋味や収斂味があります。コクそのものではありませんが、30種類のビールの分析値と官能評価の相関を調べた研究結果によれば、口当たりとポリフェノール含量のあいだに高い相関関係が見られました。しかし、ポリフェノールやタンニンは「味の締まり」にも寄与しており、これらが少ないと「だらだら」とした冗長な味になって、キレが低下する場合があります。ポリフェノールは、コクにだけ寄与しているわけではないようです。

麦芽を製造する際には、糖とアミノ酸が反応してメラノイジンとよばれる褐色を呈する成分が生成されます。メラノイジンには、キャラメルのような香気と甘味があり、ポリフェノールとともに、色や口当たり、ボディー感、収斂味に寄与し、コクに重要な成分であると考えられます。

麦芽由来の炭水化物系物質のデキストリン（低分子化したデンプン）やβ-グルカン（ブドウ糖がβ結合で連なった多糖類）なども、粘性とも関係してビールの口当たりやボディー感、後味に寄与しているといわれています。

「仕込」の過程も、コクに影響を与えます。たとえば、仕込段階で2回ないし3回、煮沸法（デコクション法）を採用すれば、コクのある力強いビールの方向になりますが、煮沸を行わない昇温法（インフュージョン法）を採用すれば、ややあっさりした方向のビールになります（80ページ「3-3　ビールはどう造られるのか――その工程を概観する」参照）。

また、酵母による発酵をどこまで進めるか、発酵度をどの程度にするかによっても、味の厚みやボディー感は大きく変化します。

苦味を生み出すホップ——味の引き締め役

毒物には苦味を有するものが多く、ヒトは苦味を〝危険のシグナル〟として生得的に嫌います。一方で、ヒトは栄養が満たされていても、単調な食事を続けると違ったものが食べたくなる生物でもあります。

ヒトは、長いあいだの食経験から、食事のアクセントとして苦い食品を楽しむ習慣を培ってきました。子供のころは嫌いだったピーマンやコーヒーなどの苦味のある食品が、大人になるにつれて徐々においしく感じられるようになり、やがて好んで摂(と)るようになることはよく聞く話です。継続して摂取することによって苦味を好きになることが、実験によっても確かめられています。ビールの苦味もビール全体の味を引き締め、おいしさの重要な役割を担っています。

ホップは、ビール以外にはほとんど使われないアサ科の植物です。ビールにおけるホップの第一義的な目的は、苦味を与えることにあります。本来はヒトから嫌われる苦味のあるホップが、こんにちなぜ、ビールになくてはならない原料になったのかは、第5章で紹介します。

苦味は、窒素化合物とのバランスが重要とされており、味の濃醇さとのバランスが大事になります。窒素化合物の量は主として麦芽の使用量で決まるため、一般的には、麦芽使用量の多い、コクのあるビールにはホップを多めに使い、比較的淡白な味のビールにはホップを抑えて使います。コクのあるビールでホップを抑えて使うと、味の締まりに欠け、キレが劣った飲みにくいものになります。比較的淡白な味のビールにホップを多く使うと、苦味の浮いた、バランスに欠けるビールになってしまうことがあります。ビールにおける苦味は、コクに通じるところが多いのですが、キレにとっても重要な要素です。

ホップ由来の苦味成分はイソアルファ酸（イソフムロン）が主体ですが、実際はその量だけでなく、他のさまざまな成分がコク、キレに関係しています。ホップの苦味は、苦味の標準物質である塩酸キニーネと同程度の強さをもちますが、強く感じるまで10～15秒程度のタイムラグがあり、ピークに達した後は塩酸キニーネに比べて2倍早く消失し、舌や喉に残らないとされています。このことから、ホップの苦味はキレのいい苦味といえるわけです。

また、ホップの香気成分の一部がビールに移行し、特有の爽快な香りを与えます。ホップの香気成分としては、柑橘系の香りを有するリナロールやバラ香を有するゲラニオール、ハーブ様の香りをもつフムレンエポキサイドが知られています。これらの香り成分も、ビール独特の香味のふくらみや爽快感をもたらし、コクやキレに深く寄与していると考えられます。

コクとキレのバランスに影響する発酵

酵母による発酵で生成するエチルアルコール（エタノール）は、苦味や甘味を強く、酸味を弱く感じさせ、コクを強めることが知られています。いわゆるノンアルコールビールが、ビールに比べてやや物足りないと感じる理由は、ビールのボディー感やコクに寄与しているアルコールがほとんど含まれていないからです。酵母が活発に活動すればするほどアルコールは多くなり、香味に丸みが出てきます。

一方で、酵母の働きが大きいほど、糖質や窒素成分（アミノ酸やペプチドや核酸成分）が消費され、ビールの糖質や窒素成分は少なくなります。コクは、窒素成分や炭水化物が多いほど強くなるので、発酵度が高い（発酵が進んだ）ビールの味がすっきりしていてキレがよく感じるのはこのためです。逆に、発酵度が低い（発酵が抑えてある）と糖質や窒素成分がより多く残存し、コクは強くなる一方、場合によっては雑味を感じ、キレが悪くなります。

また、発酵中に酵母から生成する発酵香気成分も重要です。たとえば、酵母が生成するイソアミルアルコールなどの高級アルコール類は、ビールの香味を甘く、重くする傾向があります。一方、酢酸エチルや酢酸イソアミル、カプロン酸エチルなどの芳香性のエステル類は、ある程度まではビールにフローラルで華やかな発酵香をつけて濃醇さを増してくれますが、量が多すぎると、香りが重くなったりくどくなったりして、コクやキレに悪影響を与えます。

ビールは炭酸ガスがあってこそ

炭酸ガスはビールに特徴的な成分であり、ビールの香味に大きな影響を与えています。炭酸

香気成分	弁別閾値（ppm）	
	ビール	炭酸ガスの抜けたビール
アセトアルデヒド	50	25
ジアセチル	0.1	0.1
酢酸エチル	50	25
イソブチルアルコール	150	100
イソアミルアルコール	100	50
酢酸イソアミル	2.5	1
メチルノニルケトン	0.03	0.05
フェニルエチルアルコール	100	100
酢酸フェニルエチル	5	2

表2－1　炭酸ガス圧と香気成分の閾値の変化

（橋本直樹、日本醸造協会誌、75巻、6号、474ページより改変）

は、それだけでも刺激的な清涼感があり、キレの重要な成分と考えられますが、香気成分と共存することによって、その閾値に変化を与えます。

表2－1に示すように、炭酸ガスが抜けたビールは香気成分の弁別閾値が下がり、香りを強く感じるようになります（弁別閾値とは、その成分の香味を感じる最小濃度です）。したがって、グラスに注いでから時間の経った「ガス抜け」（気抜け）したようなビールでは、炭酸ガスの爽快感の減少のせいだけではなく、香味全体が重く感じられることになるでしょう。このように、微量成分のバランスの上に成り立つビールの香味ですので、飲む際のガス圧管理は、コク、キレに大きな影響を与えます。

グラスに注いだビールを「小気味よく」、粋にさっと飲むような場合は、炭酸ガスも抜けることなく、爽快な感じでコクやキレを楽しむことができるでしょう。しかし、あまりにもゆっくり時間をかけて飲むと、液温は上がり、ガス抜け状態となって、炭酸ガス自体の刺激味が減るだけでなく、香味のバランスが崩れ、コクやキレも悪くなります。

ビールをグラスに注いで飲むときには、大きなグラスで時間をかけて飲むより、やや小さめのグラス（２００㎖程度）で「キュッ」と飲み干して杯を重ねていくほうがおいしいといわれるゆえんです。ピッチャーでビールを注ぎ分けて飲む場合も、バーベキューや焼き肉料理でみんなでワイワイと勢いよく飲むシーンには適していますが、いったんピッチャーに注いだ後に再度グラスに注ぐことになるので、そのぶん温度も上昇し、炭酸ガスの含量も減ります。爽快感がなくならないうちに早めに飲むことが、コクやキレを味わううえで重要でしょう。

おいしさに影響する「後香」ってなんだ？

ビールを飲むとき、ヒトは2種類の香りを嗅ぐことが知られています。

まず、グラスを口に近づけたとき、立香（たちか）（オルソネーザルアロマ）とよばれる香りが鼻孔から入ります。次に、ビールを口に含み、飲み込んだ後、口の中から鼻へ息が抜けるときに、後香（あとか）（レトロネーザルアロマ）を感じます。

チョコレートを用いた研究では、鼻から嗅ぐ立香と鼻から抜ける後香で、脳の反応部位が異なると報告されています。また、風邪で鼻が詰まったときに、味（わい）がわからなくなって何を食べてもおいしくない経験をした人も多いでしょう。このように、ヒトが味覚で味（わい）と感じているものの中には、嗅覚で後香を感じているものが多く含まれています。

ビールにおいては、後香は特に「余韻」との関係が深く、「おいしさ」にとって重要な要素になっていると考えられます。

立香に比べ、刻々と変化する後香を正確にとらえることは難しかったのですが、近年、経時的に揮発性成分を検知する計測機器が発展し、食品の後香の計測が可能になってきています。最新の研究では、ビールを飲んだ際に鼻から出る呼気をプロトン移動反応質量分析計（PTR－MS）に導入し、後香の中に含まれる香気成分を詳細に分析することで、銘柄による香りの余韻の違いが明らかになりつつあります。今後、ビールの後香に関する解明が進むことが待たれます。

column

コク・キレセンサー

ビールのコクやキレは数多くの成分が複雑に絡み合って生まれるため、その評価方法は従来、人による官能評価以外にありませんでした。また、コクやキレに関与する成分や醸造工程での制御についても、そうした官能評価の結果や経験則をもとに判断するしかなかったのです。

味の基本五味（甘味・酸味・塩味・苦味・旨味）や、これに辛味・渋味を加えた基本七味に対する評価は、訓練によってある程度そろってきますが、それらをベースに高次元の相互作用を伴うコクやキレの香味評価は主観を伴うことが多く、数値としてはなかなかきれいに割り切れるものではありません。

このコクやキレを客観的に測定することを目指して開発されたのが、人工脂質膜を用いた「コク・キレセンサー」です（図２－１）。人間の舌の細胞の生体膜は、主に脂質からなっています。食べ物に含まれる味物質がこの生体膜の外側に吸着すると、膜の内側と外側とで電位差が生じ、それを電気信号として脳で処理することで味を認知します。そこで、人工の舌として脂質と高分子を混合した「脂質膜」を作製し、脂質膜に吸着したビール成分の重量と相関する水晶発振子の振動数の減少量を計測します。

コクやキレを、「舌の表面に味成分が吸脱着する量（コク）と、その速度（キレ）」と仮定すると、舌の代わりの人工脂質膜センサーの表面の吸脱着量を定量化することでコクやキレの評価ができるはずだと考えたのです。

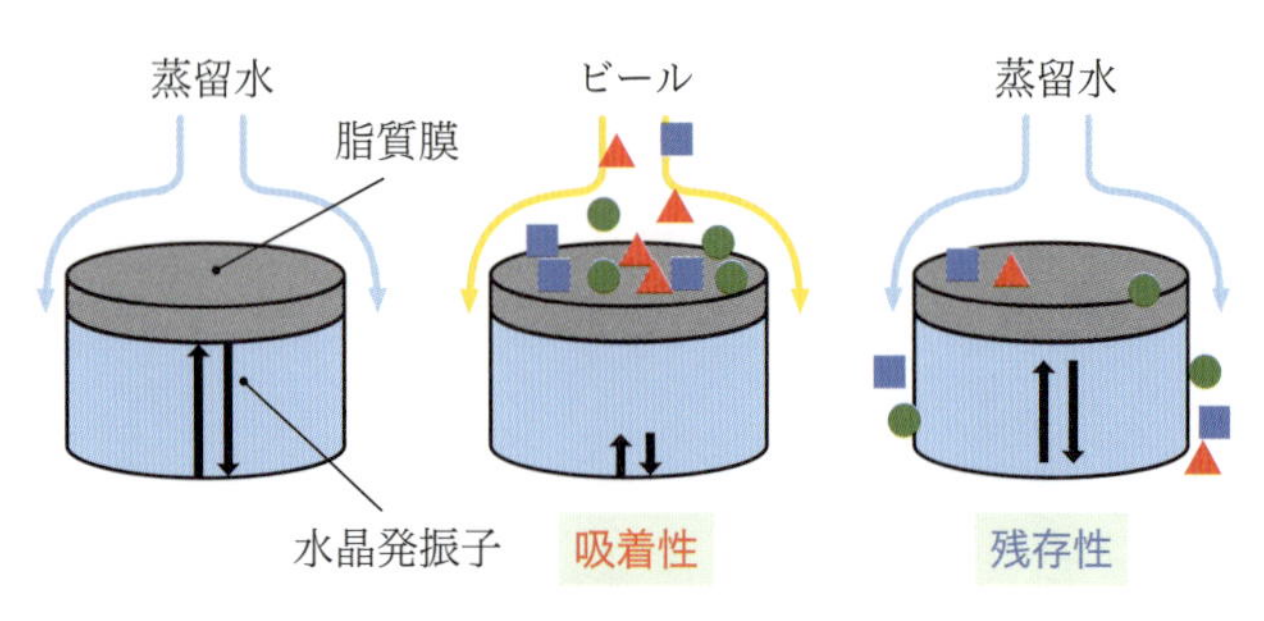

脂質膜に物質が吸着⇒水晶発振子の振動数が減少
振動数変動を計測＝脂質膜への吸着量をpgオーダーで測定可能
（1pg〈ピコグラム〉は1兆分の1g）

図2－1　コク・キレセンサーの原理

（バイオサイエンスとインダストリー　59, 35（2001））

コク・キレセンサーにビールの香味成分の希釈溶液を流すと、脂質膜にビールの香味成分が吸着し、その総量を「吸着性」として計測します。続いて蒸留水を流すと、脂質膜から香味成分が脱着し、一定時間後に残っている総量を「残存性」として計測します。

このシステムの測定結果と官能評価の結果を比較したところ、脂質膜への吸着性が高い銘柄は、官能評価でも濃醇さ（コク）が豊かであると評価されていました。また、脱着性に優れた銘柄は、官能評価によってもキレが良いと評価されていました。

コクやキレの評価がヒトとセンサーで一致し、より科学的に数値化することに成功したのです。

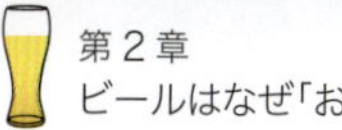

2-3 「のど越し」の科学

のど越しとドリンカビリティ

他のお酒に比べ、コクやキレ同様にビールで最も重要視される項目として、「のど越し」があります。しかし、ひと口にのど越しといっても、明確に定義するのは意外に難しいものです。なぜなら、のど越しの感覚は舌で感じる基本五味（甘味・酸味・塩味・苦味・旨味）の味覚的なものだけではなく、また、辛味や渋味のような痛覚や触覚だけでもなく、「すっと喉に通る」「喉に引っかかりがない」といった、かなり主観的な感覚でもあるからです。

近年の研究の結果、喉にはビールや炭酸ガスによって刺激される神経があることがわかっています。舌や口内には存在しないこの神経が刺激されると、脳に信号が送られ、清涼感や爽快感が伝わり、また喉の渇きが癒やされることによる快感を得るといわれています。

のど越しのよいビールは、喉に引っかかることなくすっと通り、喉を過ぎるとこの感覚がスパッと消えます。次の一杯も最初の一杯と同じようにおいしく感じ、何杯飲んでも「最初ののど越しが持続」するのです。

のど越しについての共通認識は、言葉にすればわかったような印象を受けますが、これを客観的に測定するとなるとなかなか困難です。のど越しと似たような言葉として「ドリンカビリティ」があります。ドリンカビリティとは、「もう一杯飲みたい欲求の強さ」を示す言葉で、物理的に喉の渇きを潤すだけでなく、いかに飲み飽きず、飲み続けられるかを表しています。

のど越しという表現には「飲んでいるとき、あるいは飲んだすぐ後の感覚」を指している印象があり、ドリンカビリティは「もっと飲みたい」という心理的な感覚も含んでいるといえそうです。ここでは、両者の厳密な定義はせずに、ドリンカビリティはのど越しより少し広い意味を含んでいるといった程度にとらえておきます。ドリンカビリティはコクやキレに比べ、より心理学的な面の影響が大きく、味覚系の課題としてだけではとらえきれない側面があります。

諸外国では昨今、ドリンカビリティに関する研究が比較的注目を浴びていますが、研究例はまだわずかです。チェコの研究者は、一杯目以降と0・5L、1L、1・5Lを飲んだ時点でのビールの香味の評価から、副原料を使用するとピルスナービールのドリンカビリティが低くなると結論しました。これは、副原料を使ったほうがビールの味は軽快になり、ドリンカビリティが増すのではないかという予想を裏切る結果です。

チェコの有名な銘柄ピルスナー・ウルケルは、麦芽100%でホップを効かせたしっかりした香味でコクのあるビールですが、同時にキレもあります。筆者らがチェコで試飲した経験からも、確かにこのビールは飲み飽きないおいしさをもち、きわめてドリンカビリティの高いビールだと感じました。現地では、このビールを称して「飲めば飲むほど喉が渇く」という表現を聞いたことがありますが、しっかりした味わいと苦味でありながら、独特の高貴なホップの香味もあいまって、そのようなドリンカビリティを形成しているものと推察されます。

ドリンカビリティにもお国柄が

また、アメリカの研究者は、ドリンカビリティはリフレッシュ感や喉の渇きと関係があるとして、炭酸ガス濃度が高く、香味が淡いほど、ドリンカビリティが高くなると結論しています。アメリカの大手メーカーが製造するビールには、確かにこの系統の香味のビールが多く、筆者らもアメリカで飲んだ限りでは、よく冷えたこれらのビールは、アメリカの夏の高温で乾燥した気候ともあいまって、喉の渇きを潤すという意味で、風土によくマッチしたものであると感じました。アメリカの大手メーカーの一般的なビールは副原料率が高く、また、かなり冷やして飲むため香味的には非常にあっさりしています。ライトビールはさらに軽い味わいをしていて、より喉の渇きを癒やすようにゴクゴクと飲める感じです。

このように、はからずもチェコとアメリカの研究者は、それぞれ自国で主流のビールのドリンカビリティが高いとの結論に達しています。ドリンカビリティは化学分析値のように唯一の決まった値として計測されるものではなく、各ビールのタイプごとに存在していいのかもしれません。定義が一つであるとも限らないでしょう。また、飲むときの状況（気候、雰囲気、食べ物）や体調などにも、ドリンカビリティはたいへん敏感です。

ただし、英国のエールのように、やや温かめのものをちびちび飲んで楽しむタイプのビールには、喉への爽快な刺激としてののど越しはさほど必要ないかもしれません。しかし、飽きずに飲み続けられるかどうかという観点からは、ゴクゴク飲むものではない英国のエールにも、相応の尾を引くドリンカビリティが必要であるとも考えられます。

ドリンカビリティの生理学的な研究では、京都大学大学院農学研究科の伏木亨教授（現・龍谷大学教授）のグループが、超音波スキャンを用いて胃からのビールの輸送速度を計測し、ドリンカビリティの客観的な指標を見出しています。胃からの輸送速度は銘柄によって異なり、ビールの胃からの排出が速いほど体外への排泄も速く、たくさん飲めることがわかりました。ドリンカビリティを考える際にはのど越しばかりに注目しがちですが、飲んだビールが体外に排泄される速度が重要であるというデータは示唆に富んでいます。ドリンカビリティの高いビールは、確かに代謝が速く感じられ、多少多く飲んでも胃が張らない印象があります。

すべてのアルコールは、尿を濃縮して少なくする作用をもつ抗利尿ホルモンの分泌を抑えるため、利尿作用をもっています。特にビールの利尿作用は強く、飲んだ量の約1・5倍の水分を排泄させるといわれます。また、ビールに含まれているカリウムやホップ成分にも、利尿作用があります。したがって、麦芽やホップの使用量が多いビールはカリウムやホップ成分の含量が多く、その結果、利尿作用が強くなってドリンカビリティを高める可能性があります。

ちなみに、森鷗外はミュンヘン大学留学中、被験者6人に対して一日に10回、水、アルコール溶液、ホップ煮汁、ビールだけを摂取させる実験を行い、「ビールの利尿作用について」論文を書いています。利尿効果があるからこそ、何杯でもビールを飲めるわけで、いくら水がすっきりしておいしいとはいっても、利尿効果がビールほどはないために、たくさん飲めばお腹が張ってそれ以上飲めなくなります。したがって、水のドリンカビリティは低いといえるでしょう。

ドリンカビリティはどう決まる？

ドリンカビリティについては近年、世界的にもビール醸造研究者や技術者のあいだで注目を集めており、２００６年の秋には英国で初めての国際シンポジウムが開催されました（European Brewery Convention Symposium “Drinkability”）。この会議における報告や、その他の最近の研究について、以下紹介します。ドリンカビリティに関わる成分はまだ特定されていませんが、次の四つの因子が影響すると考えられています。

❶五感の影響（Sensory Effect）

ビールの香りや味、温度、テクスチャー（物性）が影響します。たとえば、新鮮なビールはドリンカビリティが高く、古くなって香味が劣化したビールは飲み続けられません。前出の伏木教授らは、ビールを日光に当てて日光臭とよばれる不快な臭い（オフフレーバー）を付与したビールは、胃の幽門（出口）が大きく開かず、排出速度が遅くなってドリンカビリティが低くなることを報告しています。

❷知覚（暗示）の影響（Cognitive Effect）

雰囲気やビールのブランド、パッケージ、広告コミュニケーション等による商品イメージは、ドリンカビリティに大きな影響を与えます。たとえば、由緒ある有名なビアホールで気の合った仲間と飲むときは、ドリンカビリティが大きくなったりします。

❸摂取後の影響（Post-ingestive Effect）

一緒に摂るつまみや体調などによって、胃の膨張具合や胃からの輸送速度が異なり、ドリンカビリティに影響します。水は、胃ではほとんど吸収されず、腸において吸収されるのに対して、ビールは胃から吸収が始まり、腸においても吸収のスピードが速いといわれています。さらに、ビールに含まれる炭酸ガスは胃壁を刺激して胃液の分泌を促し、苦味も胃の消化を活発にする作用があります。この点からも、ビールは水よりドリンカビリティが高いと考えられています。

胃からの輸送速度は、ビール中の脂肪酸の含量によって異なります。十二指腸にあるレセプター（受容体）が脂肪酸を感知すると、胃からの輸送速度が減少します。他にも、前述のオフフレ

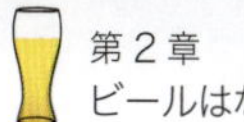

ーバー（不快臭）やアミノ酸の有無、浸透圧によって、胃からの輸送速度が変化し、この速度が速いほどドリンカビリティが増加すると考えられています。

❹吸収後の影響（Post-absorptive Effect）

ビールは胃や腸管から吸収され、アルコールやグルコース、アミノ酸が代謝されます。この代謝の影響がドリンカビリティに関係することが考えられます。血中アルコール濃度が0・05〜0・1％程度（ビール中瓶1〜2本相当）は心地良く感じられますが（ほろ酔い期）、これが0・16〜0・3％（ビール中瓶5本前後）になると、舌がもつれたり千鳥足になったりします（酩酊期）。このように、血中アルコール濃度が上がれば、ドリンカビリティは低下していきます。

ちなみに、体内に吸収されたアルコールはホルモン（ガストリン）や消化酵素の分泌を増やし、また、血液循環を高めて胆汁酸の分泌を促進するため、消化速度を増加させます。

このように、なぜビールがゴクゴク飲めるか、すなわちのど越しやドリンカビリティについて、現代の科学の力を借りて精力的に究明されています。コミュニケーションや心理学的な問題も含め、人の体が何を欲しがるのか、人が何をおいしいと感じるのか、そして人はなぜお酒を飲むのか、お酒のおいしさの一端を究明する興味ある研究です。

column

のど越しセンサー

のど越しを客観的に計測する技術はまだ確立されていませんが、ものを飲み込む嚥下運動という観点からは、医療分野、特に高齢者の嚥下障害における研究の蓄積があります。造影剤を飲んで、その動きをX線で連続的に撮影するものです。ビールを飲む際にも嚥下運動による喉の動きを解析することにより、のど越しを定量化しようとする新たな研究が進んでいます。

X線を使う測定は医療分野以外では難しいため、ヒトの皮膚表面から喉の動きを測定するシステムが考えられました。食べ物を飲み込む際の喉仏の動き（上下運動）を「圧力センサー」で、飲む際に筋肉にかかる力を「筋電位センサー」で、さらに、飲み込むときの嚥下音を「マイクロフォン」で測定し、これら三つを測定する「のど越しセンサー」です（図2－2）。

こののど越しセンサーを用いて、麦芽100％のビール、レギュラービール、第3のビールとよばれる新ジャンルを計測すると、のど越しが軽い新ジャンルは飲むときの喉仏の上下動が速く（喉を液体が速く流れる）、筋肉の動きが小さく（喉の筋肉に力がかかっていない）、嚥下音の周期も短い（飲み込む周期が短い）ことがわかりました。すなわち、飲みやすいことがわかったのです。一方、コクのある麦芽100％ビールの場合は喉仏の上下動が遅く、筋肉の動

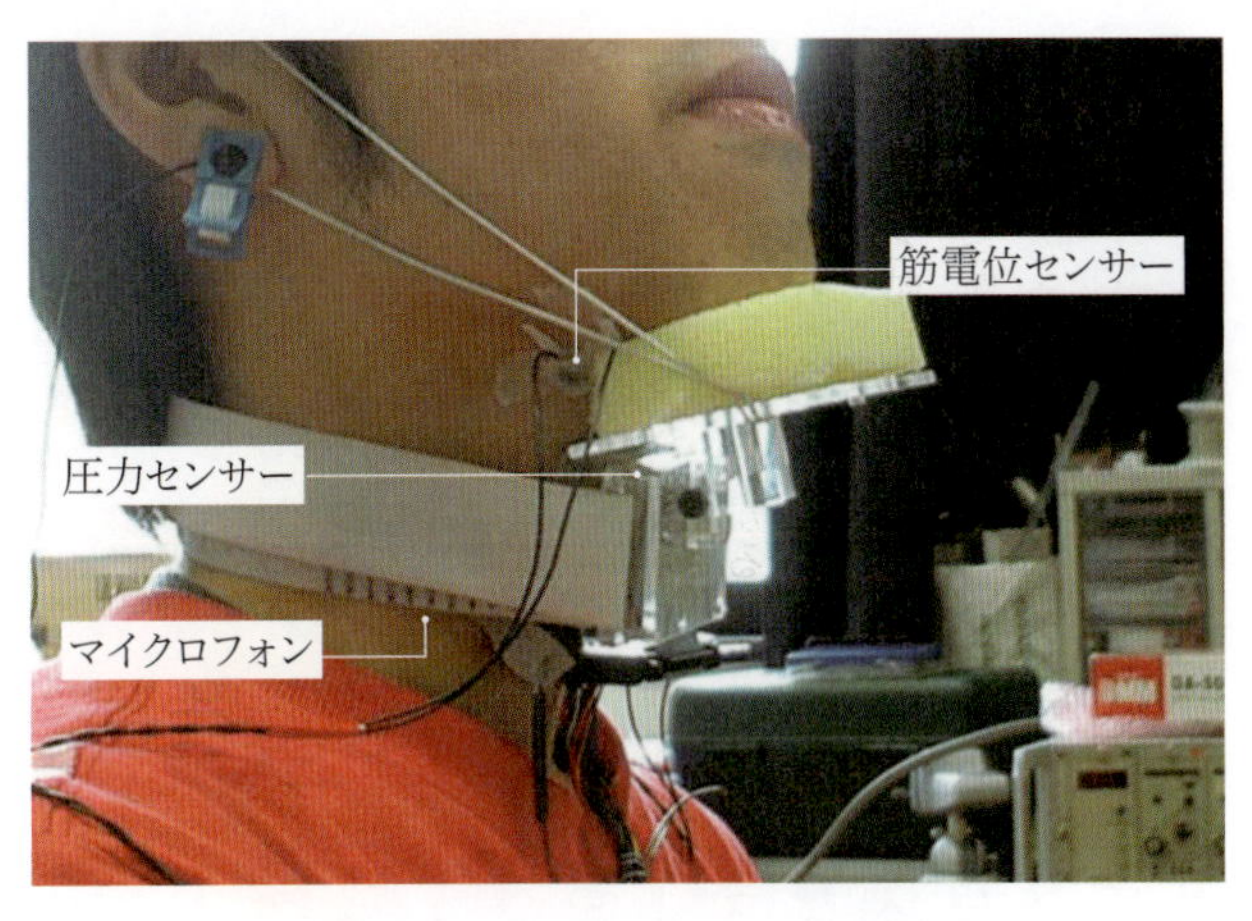

図2－2　のど越しセンサーの構造

きが大きくなって、ゆっくり飲み込まれることがわかりました。

ただし、のど越しセンサーによる結果は、のど越しの「良し悪し」を示すものではありません。「軽いのど越し」が好きなのか、「しっかりしたのど越し」が好きなのかは主観の問題で、またビールのタイプによっても異なります。喉に抵抗なく入っていくビールを好む人もいれば、喉にガツンと響く感じのするビールを好む人もいるでしょうし、ビールのタイプによっても目指すところ、主張するところは違ってきて当然です。

のど越しは、ビール以外の酒類にはあまりない特性であり、この特性をさらに詳しく究明することによって、ビールのおいしさの本質に到達することができると考えています。

column

ビールの嗜好と情報科学

近年、AI（Artificial Intelligence：人工知能）やIoT（Internet of Things：モノのインターネット）等の発展が著しく、ICT（Information and Communication Technology：情報通信技術）は、イノベーションの創出や生産活動の効率化に大きく貢献し、生活を便利にする重要なカギとなりつつあります。ビール業界や市場においても、消費者の嗜好の多様化、商品のライフサイクルの短期化、食品ロスの低減や物流コストの増大などの課題解決のために、ICTの活用に大きな期待が寄せられています。

イスラエル・テルアビブにあるヴァイスビアガー（Weissbeerger）社は、ヨーロッパ、南米、アジアの20以上の国々において数千店舗のビアパブの樽生ビールサーバーにIoTセンサーを取りつけ、ビールの品質や消費量、液温、室温などをセンシングして、データベース化を進めています。このビッグデータによって、「いつ」「どこで」「どれだけ」のビールが消費されているのか、「どんな料理が一緒に消費されているのか」といった情報が蓄積できます。

たとえば、「ある銘柄のビールは都心部において夜８時から10時のわずか２時間に70％消費されるのに対して、郊外では同じ時間帯には40％しか消費されていない」などのデータから、ビール会社やパブの営業戦略を見直すことができます。ステディサーブ（SteadyServ Technologies）社も、インテルと協力して、同じようなクラウドベースのインサイトシステムを開発し、樽生ビールの管理手法に変革をもたらしています。

また、イギリス・ロンドンのインテリジェントＸ（IntelligentX）社は、ゴールデンエール、アンバー、ペールエール、黒ビールなどを伝統的な製法で製造するメーカーですが、ＳＮＳを使って消費者の感想や意見をリアルタイムで集め、これをデータベース化しています。そのうえで、ＩＢＭの「ワトソン」（Watson）をベースにしたＡＩでデータを分析し、より消費者の嗜好に合ったレシピに変更するシステムを構築しました。

ビールを飲んだ消費者が、スマホのアプリなどでその商品に関するアンケートに回答すると、その結果はただちに集計され、ＡＩによって分析されたのちに製造方法に反映されます。メーカーは従来、商品の売れ行きを見て、マーケターが原因を推論し、早くても半年〜１年後の商品戦略を見直していましたが、このシステムを導入することで、消費者の意見をスピーディーかつダイレクトに反映することが可能になりつつあります。

日本の各地で、個性的な風味をもったクラフトビールが多数造られ、最近はコンビニエンスストアなどでもたくさんのクラフトビールが並べられています。多くの商品の中から好みに合うビールを選び出すのはなかなかに難しい作業で、自分の嗜好にぴったり合った銘柄を選び出せなかった経験がある人も多いでしょう。

そこで、一人ひとりの感性に合ったビールをAIが選び出してくれるサービスを、カラフル・ボード社が提供しています。まず、店内で顧客に複数のビールを試飲してもらい、甘味、酸味、苦味などの強弱と好みに関する感想を入力します。そのデータをもとに、人工知能「SENSY」が個々に異なる味覚をデジタル化してとらえ、これを活用することで、まだ飲んだことのないビールであっても、消費者の嗜好を予測して、店内の34種の商品から最適な一本を提案することが可能になっています。あたかも、専属のソムリエに相談できるようなサービスが実現できるようになりました。

また、近年の非侵襲性の脳機能計測法の発展に伴い、脳計測によって、味覚や好み、ワクワク感を客観的にとらえようとする試みも進んでいます。

このように、最新の科学技術によって、ビール製造が効率化・高品質化するだけでなく、マーケティングや物流、接客サービスにいたるまで、大きく変わりつつあります。その結果、将来どんなビール文化が創造されるのか、とても楽しみです。

第3章

「おいしいビール」はどう生まれるのか

——醸造の科学と技術

3-1 「ビールらしさ」を生み出すプロセスとは？

ビールは「麦芽」のお酒である

「ビールはどのようなお酒ですか？」と問われれば、すぐに「麦のお酒」と答えることができます。身近な存在すぎて、日頃あらためて考えることはあまりありませんが、法的な定義に少し触れておきましょう。日本におけるビールは、２０１８年（平成30年）４月１日の改正によって、酒税法で次のように定義されています（第３条12号）。

次に掲げる酒類でアルコール分が二十度未満のものをいう。

イ 麦芽、ホップ及び水を原料として発酵させたもの

ロ 麦芽、ホップ、水及び麦その他の政令で定める物品を原料として発酵させたもの（その原料中麦芽の重量がホップ及び水以外の原料の重量の合計の百分の五十以上のものであり、かつ、その原料中政令で定める物品の重量の合計が麦芽の重量の百分の五を超えないものに限る。）

ハ イ又はロに掲げる酒類にホップ又は政令で定める物品を加えて発酵させたもの（その原

料中麦芽の重量がホップ及び水以外の原料の重量の合計の百分の五十以上のものであり、かつ、その原料中政令で定める物品の重量の合計が麦芽の重量の百分の五を超えないものに限る。)

冒頭から硬い表現で恐縮ですが、ビールの骨格を想起するとともに、他のお酒と何が違うのか、後で理解するのに必要ですので、気に留めておいてください。

簡単にいえば、「ビールとは、麦芽、ホップ、水を原料にして発酵させたもの」であり、「麦芽に代えて、一部は麦やとうもろこし等の政令で定められた副原料を使ってもよい」ということです。ただし、条件として、ホップおよび水を除いた原料の重量中、半分以上は麦芽である必要があります。また、果実や一定の香味料を副原料として使用する場合、その麦芽の重量の5％内に限ります(「一定の香味料」については、第6章参照)。

今回の改正前後で、酒税法におけるビールの定義は次のように変わりました。

❶改正前は、麦芽比率約67％以上であったものが、改正後は50％以上になった

❷改正後は、使用できる副原料に「果実及び一定の香味料」が追加された

使用できる原料の範囲や種類が広くなったことで商品開発の自由度が高まり、ビールの魅力がさらに増していくことが期待されます。

「はじめに」でも述べたとおり、ビールの麦芽比率が変更されたのは、1908年以来のことになります。日本で初めてビールが定義づけられた明治38年（1905年）の旧麦酒税法改正で麦芽比率77%以上とされたものが、67%に引き下げられたのが明治41年（1908年）のことでした。それ以降、副原料の種類に変化はあっても、麦芽比率が改定されることはなかったことから、ビールの〝定義〟が110年ぶりに変更された、と話題になったわけです。

「いま飲んでいるこのビールの原料はなんだろう?」という興味がわいたときには、缶や瓶のラベルに記載されている「原材料」を確認してください。世界各国の定義に共通する原料は「麦芽」「ホップ」です。ビールは「麦酒」と表記しますが、より正確には「麦芽」のお酒ということになります。麦芽とは、麦を適度に発芽させた「麦もやし」を乾燥させ、根を取り除いた（除根した）ものです。使用される麦の種類は、主として大麦です。

「醸造酒」と「蒸留酒」の違い、知っていますか?

ビールは、醸造した液体をそのまま飲む醸造酒です。ビール以外の醸造酒としては、ワインや清酒などがあります。一方、発酵した後に蒸留した液体を飲むのが「蒸留酒」で、焼酎やウイスキー、ブランデーなどが含まれます。

醸造酒は蒸留酒に比べてアルコール分が少なく、なかでもビールのアルコール分は5%前後

ワイン	ぶどう糖そのものを発酵	➡単発酵酒
清酒	米のデンプンを、麹の酵素が糖に分解しながら発酵	➡併行複発酵酒
ビール	麦芽や副原料のデンプンを麦芽の酵素が糖に分解した後に発酵	➡単行複発酵酒

図３－１　酒の種類と発酵の違い

と、低アルコール飲料の部類に入ります。ビールはまた、お酒の中でもビタミンやミネラルを豊富に含んでいますが、これは原料である麦の栄養が製品まで残される醸造酒ならではの恵みの表れです。蒸留酒は、醸造酒を蒸留してアルコール分を濃縮したものなので、アルコール濃度は10％から高いもので40～50％にも及びます。

アルコールを生み出す発酵過程

お酒に含まれるアルコール分は、どのようにしてつくられるのでしょうか。酵母という微生物が関わる「アルコール発酵」が重要な役割をはたしています。

アルコール発酵とは、ブドウ糖や麦芽糖などの糖類を食べた酵母が、二酸化炭素とエチルアルコール（エタノール）を生成する現象です。その前段階として、麦芽や米、コーンスターチなどの副原料に含まれるデンプンを分解し、糖類を生成する必要があります。デンプンを糖類に分解するのは、「酵素」とよばれるタンパク質分子です。

ご飯を口の中でよく噛んでいくと、甘味が出てきます。お米に含まれるデンプンが咀嚼と唾液によって分解されるためです。ちょうどこれと同じで、アミラーゼという酵素がデンプンを糖類に分解します。酵素による糖の生成と発酵の手法は、お酒の種類によっていくつかの方式に分けることができます（図3－1）。

　ワインの場合、糖類がぶどうそのものに含まれているので酵素は必要なく、果汁を搾ってそのまま酵母による発酵に供することができます。これは「単発酵」とよばれます。清酒では、麹（こうじ）菌が分泌する酵素が米のデンプンを分解することによってできた糖類を酵母で発酵させます。清酒造りでは、麹菌の酵素による糖化と、酵母による発酵が同時に行われるので、「併行複発酵」と称されます。

　一方、ビールの場合は、麦が芽を出してもやしになるときに酵素をつくり出す性質を利用するため、麹菌は必要とせず、麦芽の自前の酵素で自らのデンプンを分解させる方式を採っています。つまり、麦から麦芽を製造する段階（製麦工程）で「酵素を準備」し、その後、麦芽のもろみを製造する段階（仕込工程）で麦芽中に準備された「酵素が作用」し、原料のデンプンを糖類に分解します。この、糖類が含まれた液体（麦汁）に酵母を加えて発酵が開始されるわけです。したがって、ビールの発酵方式は、酵素の準備と作用、そして酵母による発酵が、一連とはいえ別々に行われることから、「単行複発酵」といわれます。

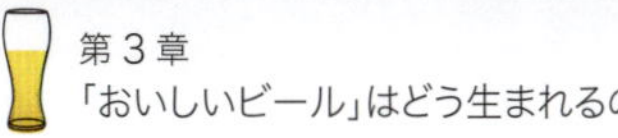

3-2 おいしさは「原料づくり」から

ビールの〝魂〟は麦芽にあり！

大麦はイネ科オオムギ属に属し、世界中の広い地域で栽培されていますが、ビール醸造用の品種が登場したのは19世紀の欧州においてです。ビール麦にふさわしくなるよう育種が行われたのちに世界各地へと伝わり、さらに現地に適した優良な品種が育成されてきました。

大麦は穀粒の実り方によって、穀粒が2列の「二条大麦」と6列の「六条大麦」に分けられます（図3－2）。二条大麦は六条大麦の4列が退化したもので、一粒の大きさにおいて優位にあります。ビール醸造では、アルコールをできるだけ多くつくり、かつビールらしいスッキリ感を得るために、デンプンが多く、タンパク質が少なく、酵素力の強い大麦が選ばれる傾向にあります。特に二条大麦は、ビール用として数多くの品種が育種されてきました。

ビール大麦の主要な生産地は、ヨーロッパと北アメリカ、オーストラリアであり、国内では、北海道、関東、九州北部などでつくられていますが、国内のビール会社の麦芽使用量のうち、国産が占める割合はわずか1割程度にすぎません。

麦芽の大きな役割は、デンプンやタンパク質、酵素の源になることとともに、仕上がったビー

図3−2　ビール造りに用いられる大麦

左の2つが二条大麦、次の2つが六条大麦、いちばん右は小麦。

ルの香味品質の骨格を形づくることです。求めるビールの泡、色、香り、味を想い描きながら品質を設計する際、どの生産地の、どの大麦品種、そしてどのようなタイプの麦芽になるのかが、大麦を選ぶポイントになってきます。求める麦芽を得るには、原料となる大麦の選び方と、大麦を麦芽にする製麦工程の条件が重要なゆえんです。

近年では、食の安全・安心が重視される社会環境となり、お酒も食品として同様に取り扱われる傾向にあります。消費者や流通関係者からの厳しい目が注がれていますので、「ビールのおいしさは原料づくりから」の言葉どおりに、農家や農協、原料育種機関、製麦会社、原料流通業者とビール会社が、育種・生産から原料調達までを一連のシステムとして協働することにより、確かな品質を確保しようと努力する方向にあります。

ビールの華はホップ

ビールになくてはならない特有の苦味と爽やかな香りとを与える原料がホップです。一般にはあまり目にすることのないホップは、ビール醸造のためにのみ生産されているといっても過言ではありません。中世以前には、ホップ以外の薬草や香草も使われていましたが、ビールの品質を高めるにはホップが最も適していることがしだいに広まり、16世紀にはその地位を確立することになりました。

ホップはアサ科カラハナソウ属のツル性の多年生植物で、ビール醸造では雌株の未受精の処女花を使います。5月の初めごろに萌芽し、収穫期の8~9月には7mほどの高さにまで生長します（図3－3）。

ホップを使うと、その「樹脂」成分（ホップの苦味成分であるアルファ酸が、麦汁煮沸工程で熱変化したイソアルファ酸）によってビール特有の苦味が付与されるとともに、「精油」（エッセンシャルオイル）によって爽やかなホップ独特の香気が醸し出されます。イソアルファ酸は、麦芽由来のタンパク質とともに泡の形成や泡持ちに大きな役割をはたすほか、殺菌作用もあり、ビ

- アサ科の多年草、ツル性の植物、雌雄異株
- 受精前の雌株の球花を用いる
- 「抗菌力」を有する
- ビールの味の性格決めに大きく関与する
- ビールの爽快な苦味、華やかな香りに寄与

ルプリン

ビールに特有の苦味や香りを与える樹脂や精油成分は、ホップの球花の中にある「ルプリン」という器官（苞の付け根にある黄色い粒）に詰まっている

図3−3　ホップ

（上段は収穫時のようす。北海道・上富良野町）

ール醸造工程でビール酵母以外の雑菌の繁殖を抑制します。また、ホップに含まれるポリフェノールには、大麦タンパク質と結合してビールを清澄化させる効果もあります。

近年の世界のホップの生産量は11万t程度で、主要産地は、ドイツ、アメリカ、中国、チェコです。ちなみに、大麦の生産量は世界全体で約1億5000万t（2017年）となっており、うち約19%が醸造用に使われています。日本では、東北や北海道などの冷涼な地域で栽培されていますが、国内で使用されるホップ全体に占める量は、大麦同様、わずかなものにとどまっています。

ホップは、麦芽に比べて使用量の少ない原料ですが、その調達と使用法からは、ビール醸造技術者のこだわりを垣間見ることができます。醸造技術者は、ホップの品種や産地、使用する量や工程での添加時期などのさじ加減ひとつで香味を大きく変えられることを経験的に熟知しており、使用にあたってはそのノウハウが要求されます。

ホップは、大きく三つに分けることができます。まずは「ファインアロマホップ」という、ホップの香りが最もおだやかで高貴であり、苦味も上品な最高級のホップです。このタイプのホップに含まれるアルファ酸は、苦味の量としては多くはありません。次に「アロマホップ」で、苦味の質もよく、香りはファインアロマホップより概して強くなっています。もう一つは「ビターホップ」といい、香りより苦味成分の量が重視されるものです。

醸造技術者は狙いとするビールの品質を前提に、ホップの香りや味、あるいはコスト面の、どこに重点を置くべきかによって、これらを選び分けています。もちろん、どれか一つに絞るだけではなく、ビターホップで苦味を確保しながら、香りづけはアロマホップで行うなど、複数を組み合わせて使うこともあります。ファインアロマホップが贅沢に使われている高級ビールもあります。

最近、従来のホップに比べてきわめて特徴的・個性的な香りをもつホップが注目を集めています。伝統的でおだやかなホップ香とは異なり、柑橘系やトロピカルな香りなどを呈するタイプです。これら特徴的・個性的なホップの使用が、アメリカにおけるクラフトビールブームの一因であるともいわれています。

水もひと手間かけて使う

水はビールの約90％を占める量的には最大の原料であり、ビール醸造に使用される水を「醸造用水」と称しています。その水質はビールの品質に直接影響するため、造ろうとするビールの種類やタイプによって求められる水質は異なり、いくらか調整する必要があります。

水を食品に使用する際の前提として、「食品、添加物等の規格基準」（昭和34年厚生省告示第370号）に「食品製造用水」が規定されており、ビール造りにおいてもこれに従っています。「食品製造用水」とは、水道法の水質基準に適合、もしくは食品衛生法の基準に適合する水をいいます。水道法の水質基準項目は51項目に及び（一般細菌、重金属、無機物、有機物、塩素系化合物、味、臭気、色、濁り、pHなど）、食品衛生法に基づく基準は同様の26項目となっています。

ビール工場で用いる醸造用水はこうした水質基準に則り、定期的に外部機関による水質分析を行って規格に適合した証明書を受け取っています。工場では検査員が日々、化学分析や官能評価

（臭いや味の評価）を行うことで、水質を常時監視しています。

このような食品製造用水の基準に合致するかぎり、ビール造りはどこでも行うことができます。しかし、実際には土地によってカルシウムやマグネシウムなどのミネラル分の量やバランスに特徴があり、また重炭酸塩の量の多寡もビールの味に影響を及ぼすため、多少調整の必要が出てきます。

たとえば、カルシウムイオンが多いとビールの味が「硬く」なるため、味がおだやかなピルスナータイプのビールにはそぐわない面があります。また、重炭酸塩の多い水では、麦汁煮沸の際に麦芽の穀皮からポリフェノールやタンニンなど、ビールに渋雑味を与える物質を多く溶け出させてしまいます。そのため、ホップの苦味成分を過度に溶解して苦味のキレが悪くなったり、アミノ酸と糖との褐変化反応を促進し、麦汁の色度を高める結果、色の濃いビールになるなど、やはりピルスナータイプのビールにはそぐわない水になります。

水の科学が進んでおらず、また水処理ができなかった時代には、各地の水質がその土地それぞれの特徴をもったビールの香味や品質を決めていたと考えられます。「ピルスナー」の語源であるチェコのピルゼンの水はミネラルや重炭酸塩が少ない「軟水」で、ホップの効いた淡色のピルスナービールに向いています。一方、カルシウムや重炭酸塩に富んだ「硬水」が得られるミュンヘンやウィーンでは、濃色で弱ホップの重厚な味わいのビール造りに向いているといえます。

日本の水は、ピルゼンのように「非常に軟水」であり、淡色で上品な苦味の効いたすっきり味のピルスナータイプのビールを造るのに適しています。一方、イギリスのバートン・オン・トレントの水は、カルシウムやマグネシウムが大量に含まれる超硬水で、重厚で味わいの深いペールエールが造られています。

現代では、水処理技術の進歩によって水の硬度は自由に調節できるようになっており、世界中どこでも、造りたいビールのタイプに合わせて、必要な水質を確保することが可能です。

味づくりと副原料

先に示した酒税法による副原料として、政令などで定められている物品は、麦、米、とうもろこし、こうりゃん、ばれいしょ、デンプン、糖類、「苦味料若しくは着色料」、「果実及び一定の香味料」です。果実および香味料は、2018年（平成30年）4月1日施行の酒税法改正で追加されたものです。また、ビールの麦芽比率の下限が100分の50まで引き下げられました（195ページ参照）。

原料が麦芽100％のビールは、麦芽の特徴が強く出たコクや味わいのあるものとなり、一般に米やコーンスターチなどの副原料を使うと、色が薄くすっきりした味わいのビールになります。米やコーンスターチに比べ、麦芽のほうが呈味性窒素成分（アミノ酸やペプチド、核酸など）

や穀皮由来のポリフェノール系物質（味の締まりや渋味などに影響）などを多く含むからです。
ドイツのビールに代表されるのが麦芽100％のしっかりした味わいのビールであり、アメリカのビールに代表されるのが比較的副原料の多いすっきりした香味のビールであるように、どちらがよりおいしいということではなく、タイプによって最適の原料配合比率が異なるということです。

1990年代に酒類市場に登場し、その後急増した発泡酒は、この副原料の使用率が麦芽と逆転したものを指します。その香味はすっきり、あっさりしたものが多く、「ビールはおいしいけど、もっとすっきりとした味がほしい」という消費者の嗜好に対応したジャンルとして定着しています。

そして、その延長上に位置づけられるものとして、麦芽も麦もいっさい使用せず、豆類や穀物のタンパク等を使った新しいビールテイストアルコール飲料が2003年以降に商品化されています。これらは、酒税法上の「その他の醸造酒（発泡性）①」という品目・税率適用区分に該当しますが、ビールの副原料比率の多寡という限られた軸を脱し、原料が多種となることで、味づくりの自由度が高まったといえます。さらに、発泡酒に麦由来のスピリッツや焼酎を混ぜる「リキュール（発泡性）①」が加わり、すっきり系にこだわらない多様な香味が提供されるようになっています。この両者は、俗に「第3のビール」とよばれる「新ジャンル」に属し、ビールテイストアルコール飲料の一翼として注目されています（詳しくは第6章参照）。

酵母はなぜ、アルコールをつくるのか

麦芽、ホップ、水などの原料からは、糖化や煮沸という工程によって、麦芽糖やブドウ糖による甘味とホップの苦味成分が混在した、甘くて苦い味がする「麦汁」ができます。冷却後の麦汁にビール酵母が添加されると、いよいよ発酵が始まります。ビール酵母は楕円形の単細胞で、大きさは5～10㎛（1000分の5～1000分の10㎜）の、人間と同じ真核生物に位置づけられる微生物です（図3－4）。

真核生物の細胞には核があり、その中に染色体を有しています。一方、大腸菌などは原核生物とよばれ、核構造をもちません。同じ微生物でも、酵母は大腸菌などとは異なり、ある意味でヒトと同じ高等生物の仲間であるといえます。

詳しくは第5章で紹介するように、19世紀後半にいたるまで、発酵の原因が酵母であることは明確にはわかっていませんでした。パスツールによる発酵の研究や、カールスバーグ研究所のハンゼンによるビール酵母の純粋培養法の確立などによって、現在ではビール酵母をしっかり管理して、安定して良い品質のビールを造ることができるようになっています。

酵母が麦汁からアルコール（エタノール）を生成するのは、麦汁中に含まれる糖類（ブドウ糖

や麦芽糖など）を酵母細胞が取り込み、酵素の作用によって細胞の中で最終的にアルコールと炭酸ガスに分解するからです。この発酵の経路を、生化学では「解糖系」とよびます。

では、なぜ酵母はアルコールをつくるのでしょうか？

酵母は生物なので、成長・増殖しなければなりません。そのためにはエネルギーが必要です。生き物はＡＴＰ（アデノシン三リン酸）という形でエネルギーを蓄えます。酵母は、１分子のブドウ糖をアルコールと炭酸ガスにして２分子のＡＴＰを得ます。このエネルギーをよりどころとして、酵母は生きていくのです。

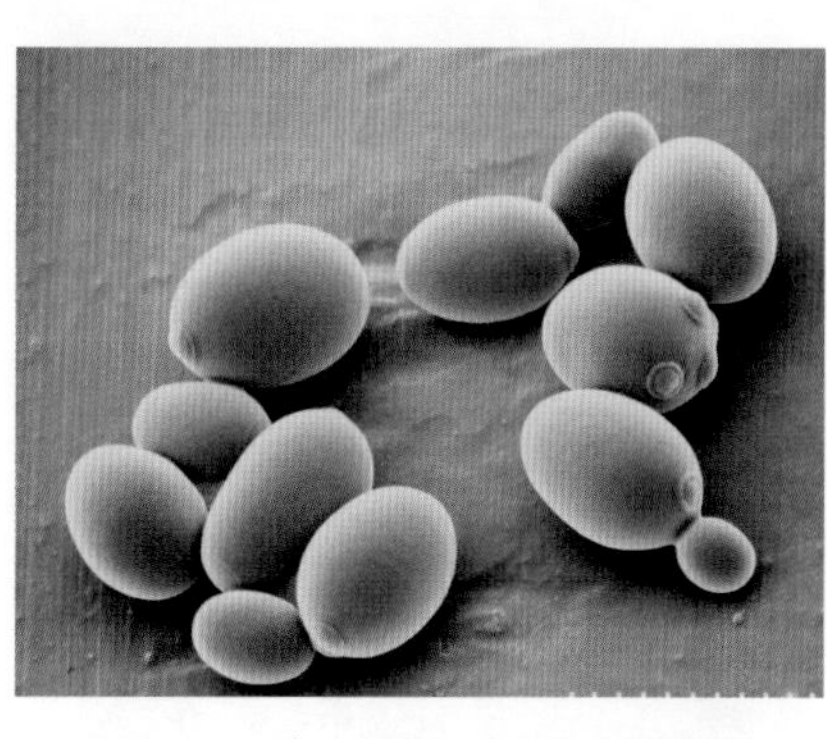
図３−４　ビール酵母（下面発酵酵母）

解糖系のみを用いる発酵でのエネルギー獲得は、酸素がない状況下で行われますが、実は効率がきわめて悪くなっています。酵母は、酸素の存在する環境では「呼吸」を行い、この場合に得られるＡＴＰは38ＡＴＰで、「発酵」の場合に比べて19倍も効率が高くなっています。つまり、無酸素状態より有酸素状態のほうが、酵母は効率よく増殖できるのです。

麦汁に酵母を添加した初期は酸素がふんだんにあります

が、麦汁中の酸素は、酵母の呼吸によってすぐに使い果たされてしまいます。呼吸を行っているあいだは、酵母はアルコールをつくりません。酸素を使い果たした後に補給されなければ、酵母は自身が生きていくためにこんどは発酵を行い、その結果としてアルコールと炭酸ガスをつくることになります。

すなわち、酵母に十分な酸素を与えることなく、むしろ酵母の増殖には不利な条件を設定することで、私たちは酵母にアルコールをつくらせているのです。本来発酵力の強い酵母ではありますが、決して好き好んでアルコールをつくっているわけではなく、酸素のない環境下で生き延びるために、必死になってアルコールをつくっているのです。

ビール造りの主役を演じる酵母

醸造用の酵母には数多くの種類がありますが、現在使われているビール酵母は、糖から大量のアルコールを生産することに加え、醸造技術者の設計する香味を醸し出し、さらには実用的に現場で使える能力を備えたものが、永年にわたって選抜されてきたものです。

実用上の区分から、ビール酵母は「上面発酵酵母」と「下面発酵酵母」の2種類に分類されます。上面発酵酵母は15～25℃の比較的高い温度で発酵し、発酵中に菌体が液の表面に浮上してきます。これに対して、下面発酵酵母は10℃以下の低い温度で発酵し、発酵後期に発酵タンクの底に沈んでくるという特徴があります。

一般的に、上面発酵酵母は華やかな果実のようなフローラルな香り（エステル成分）で個性的な味を、下面発酵酵母はバランスがよくおだやかで、爽快でスッキリとした香味を呈します。さらに、上面発酵酵母や下面発酵酵母の中でも、微妙に異なる香味タイプを呈するさまざまな酵母が存在するため、狙いどおりの香味にするにはそれに適した酵母を選定する必要があります。そこで、ビールメーカー各社は数多くの酵母株を保有しており、これを「酵母バンク」とよんでいます。

ビールの香味において原料や用水が重要なのはもちろんですが、最終的には酵母が香味を決めるといっても過言ではありません。ビール造りの主役は酵母であって、醸造技術者はそのための条件や環境を準備するお手伝いをしているにすぎないのです。

したがって、優良酵母を入手したり、選抜・育種したりすることは、発酵に携わる者の不断の役割とされてきました。ビール酵母に要求される性質は香味だけではありません。工場で安定して醸造を行うためには、醸造特性として発酵力、増殖力、生存性、回収性（凝集性）、遺伝的安定性が、また、官能特性として香気（立香・後香。45ページ参照）、味感（味・後味・コク・キレ）などが必要です。これらすべてを満足させる酵母でなければ、工場で一定の品質のビールを安定して造り続けることはできないのです。

ビール工場の現場では、酵母の入手・育種・選抜だけでなく、工場内での酵母の増殖方法、回収方法、高活性状態の維持など、日々気を使うことばかりです。酵母は生き物であり、一日として面倒を見ない日があってはなりません。さらに、新しい酵母を導入したり試験したりする際には、一定期間、その工場の環境（水や麦汁）に馴らしながら、その適性を見きわめる必要があります。

3-3 ビールはどう造られるのか——その工程を概観する

前節までに、ビール造りの原理的な部分や原料関係について説明してきました。ここからは、ビール造りの工程について詳しく述べていきます（図3-5）。

ビールの造り方は、簡単にいえば、麦から麦のもやし（麦芽）をつくり、麦芽を粉砕してお湯とともに仕込んで麦のおかゆをつくり、それをろ過してできた甘い麦のジュースにホップを加え、煮沸してホップの苦味と香りを与え（麦汁）、冷やした麦汁に酵母を加えて発酵し、発酵でアルコールが生成し、低温熟成してビールになるというものです。以下、各プロセスの詳細を見ていきましょう。

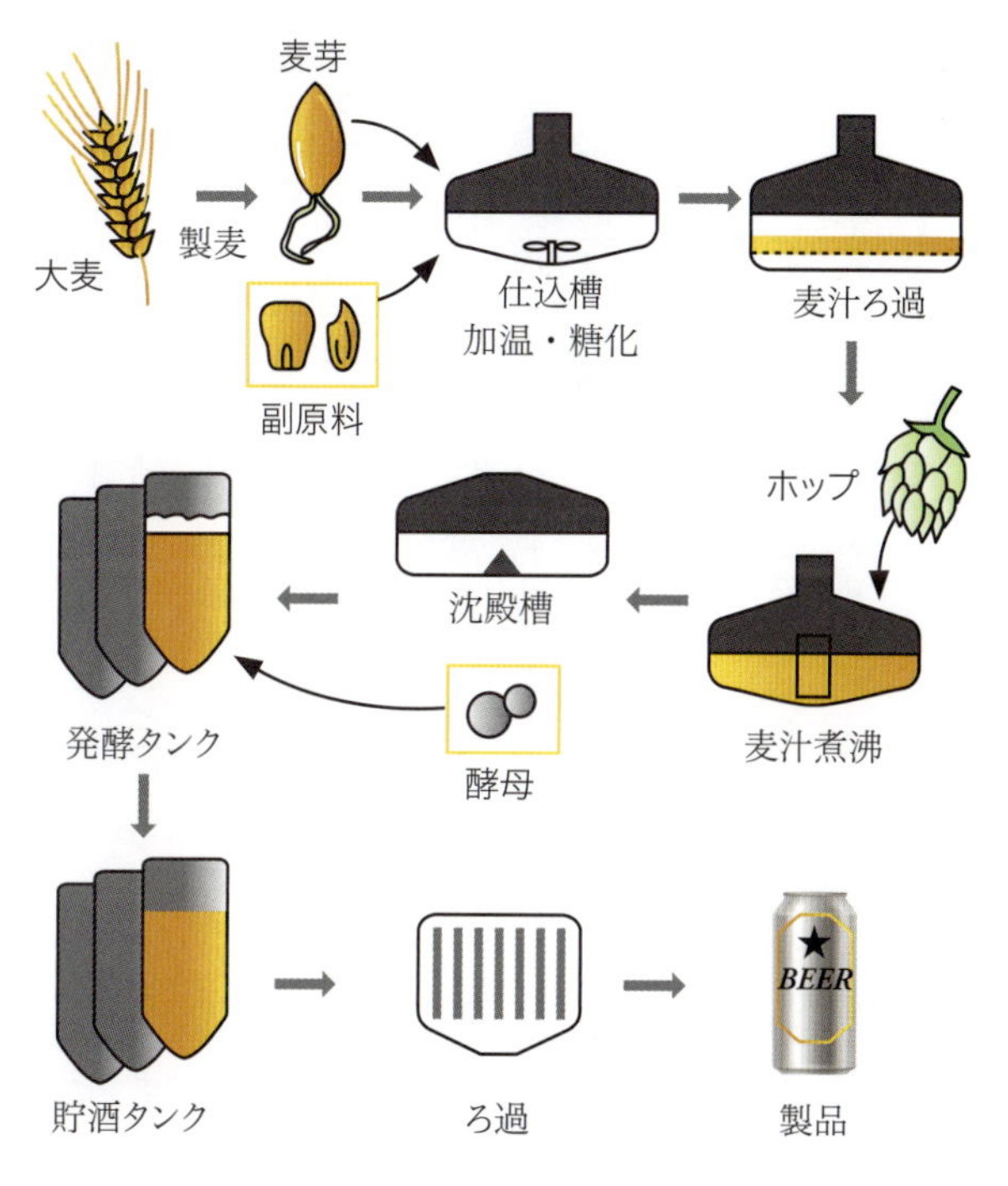

図3－5　ビールができるまで

「製麦」——麦のもやしづくり

ビール麦の穀粒は大麦の種子であり、発芽によってその芽や根が次の世代として育っていきます。この生命活動を利用したものが「製麦」、すなわち、麦のもやしづくりです。

この過程では、粒内に酵素を生成・活性化させると同時に、大麦胚乳の主な成分であるデンプンやタンパク質などの貯蔵物質を分解しやすい状態にさせます。酵母が発酵を行うためには、これらの高分子成分を糖やアミノ酸に分解しておく必要があるからです。実際の分解は、主として後述する仕込工程で行われますが、その準備段階としての意味が製麦にはあります。つまり、製麦とは、大麦を発芽させることによって、大麦により多くの分解酵素をつくってもらう工程というわけです。具体的には、デンプンを糖類に分解するアミラーゼや、タンパク質をアミノ酸に分解するプロテアーゼなどの酵素の生成ということになります。

ビール醸造で最も多く使われる淡色麦芽の製麦の工程は、次のようなものです。収穫された大麦は発芽する能力が備わる期間の貯蔵を経て（休眠期間）、細すぎる麦や夾雑物を取り除いて（精粒）、粒径2・5㎜以上のものに揃えられます（選粒）。ここで選粒を行うのは、麦粒の大きさを揃え、均一な発芽を行わせるためです。

次に、製麦工場のタンクで大麦に水を吸わせた後、4～6日かけて一定の度合いまで発芽させます（図3－6）。この段階で、デンプンやタンパク質などの貯蔵物質は高分子がほぐれて酵素による分解反応を受けやすくなり、酵素も生成されます。発芽が進みすぎると醸造で利用できる物質が減ってしまうので、ここで発芽を止める必要があります。この時点における品質を固定し、貯蔵できる状態にするために50～80℃に温度を徐々に高めながら乾燥し、最後に香ばしさや着色のために80～85℃で焙燥します。焙燥は、1日程度をかけて行われます。

仕上げとして、根を除き、穀粒のみを貯蔵します。この後に、麦芽はいよいよ仕込工程によっ

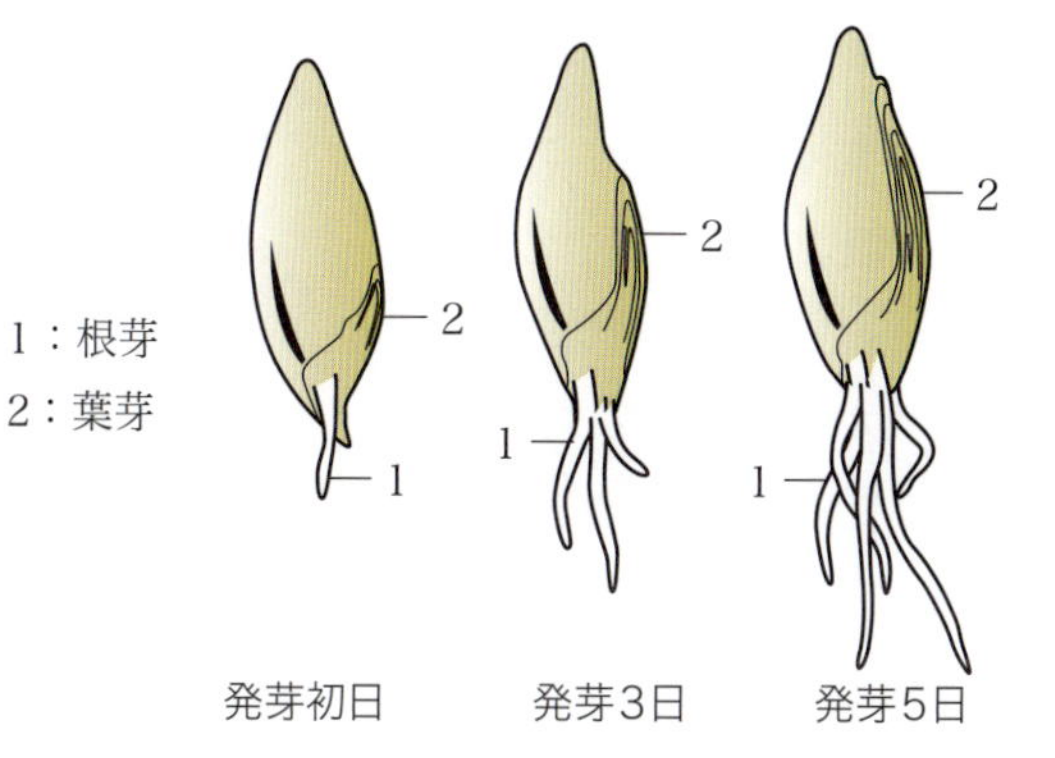

図3－6　発芽のようす

大麦を10 ～ 20℃の水に浸し（浸麦）、その水分が40 ～ 45%になるように吸水させたり、通気をしながら、1 ～ 2日かけて発芽を準備させる。次いで、発芽用の容器に移された大麦を通気により水分を調整しながら、15℃前後の温度にコントロールすることで、4 ～ 6日かけて一定の度合いまで発芽させる。発芽中は、穀粒の皮の下で葉芽が、そして、根の部分から根芽が伸張するという、外観上の大きな変化が観察される

て養分たっぷりの麦汁へと姿を変えていくことになります。

仕上がった麦芽が、醸造においてどういったパフォーマンスを発揮できるか、特有の分析項目によって評価され、最終的には醸造技術者によって仕込工程においてどのように使用するかが吟味されます。酵素の力、高分子のほぐれ具合（専門用語で麦芽の「トケ（溶け）」という）、エキス分の量などを調べ、設計された品質（アルコール濃度、エキス分、色など）になるような仕込の仕様づくりに知恵を絞ることになります。

麦芽には、色や香りの異なるさま

ざまな種類があります。特に色のタイプはさまざまで、総じて色麦芽とよばれます（詳しくは後述）。これらの麦芽は、製麦工程で水分、発芽や焙燥の温度を変化させたり、別にロースターとよばれるより高い温度で焙燥できる設備を使って製造します。造り出したいビールの品質に合うように麦芽をつくり、色のみならず、香りや味・コクを自在に醸し出すことができるわけです。

ビールの色は麦芽が決める

ビールの色は、色度（色の濃さ）や、純粋な黄金色か赤みがかっているか、あるいは褐色であるかといった色調（色合い）などから識別することができます。色度も色調も、原料として使用される麦芽から移行する色素成分によって決まります。濃い色のビールにするならば、原料麦芽に占める色の濃い麦芽の量を高めるわけです。

ビールの色を調整する目的で、色素の質や量を強調された麦芽を「色麦芽」とよびます。色麦芽の色の濃さや色合いにはさまざまなものがあり、たとえば、ミュンヘン麦芽、カラメル麦芽、チョコレート麦芽、黒麦芽といったものが存在します。それら各種の色麦芽を、目的とする色になるように配合するのです。色麦芽をうまく使うことにより、通常の淡色ビールとは見た目が異なる琥珀色のビールや褐色のビール、真っ黒なビールなど、種々のバリエーションを生み出すことができます。

製麦工程の項でも述べたとおり、麦芽の色は乾燥や焙燥の仕方や程度によって決まります。また、色の濃さのみならず、色麦芽は香りが香ばしかったり、あるいは焦げた感じがしたり、味に深みがあったり、苦味が特徴的だったりします。一般的には、色が濃いビールは香りも深く、味わいも濃醇であり、しっかりとふくよかな印象になります。その他、仕込用水の硬度やpH、含まれるミネラル分、また、仕込工程における熱負荷の大小もビールの色に影響します。

「仕込」で決まるビールの骨格

麦芽や副原料から、酵母が発酵するための栄養分となる糖類やアミノ酸を含む麦汁をつくる工程が「仕込」であり、つくり出された麦汁は次の「発酵」工程へ送られます。

仕込における一連の作業は、原料粉砕→糖化→麦汁ろ過→麦汁煮沸→麦汁冷却であり、おおむね半日弱を要する工程です。仕込は、麦芽のもつ種々の酵素や熱（約40〜100℃）による化学反応と、分離や揮散などの物理的な操作をいくつかの釜や槽の中で行うように組み合わせたもので、それぞれの小工程の出来具合が香味品質に影響しています。

❶原料粉砕

麦芽の養分をできるだけ多く取り出すために、麦芽はまず粉砕されます。一般的に粉砕には、数本のローラーを組み合わせた粉砕機が使われます。ローラーどうしの間隙に麦芽の穀粒を通過させて粉砕する原理です。

粉砕の目的は、麦芽と温水との接触面積を増大させることによって抽出効率を上げ、化学的・酵素的作用を受けやすくし、最終的にはエキスの収得率を上げることにあります。とはいえ、逆に粉砕が細かすぎると、穀皮からのポリフェノールの溶解を過度に進ませたり（渋味や収斂味、余分な雑味などを抽出しやすい）、後の麦汁ろ過において、ろ過層が目詰まりして多大な時間がかかったりするため、これを避けなければなりません。したがって、エキス分の取得は最大に、麦芽の余計な成分は最少に、かつ、ろ過時間は適正になるように、粉砕ローラーの間隔が調整されます。

粉砕は、いわば「粉挽き」ですが、ビールの味づくりにとってきわめて奥が深い工程です。

❷糖化

粉砕された麦芽や副原料は、仕込槽や仕込釜に温水と混合しながら入れられ、「マイシェ」と称するおかゆの状態にされます。仕込まれたばかりのマイシェは、固形物が浮いていてドロドロしています。原料から溶け出すエキス（可溶性物質）を浸出させ、それらを麦芽自体の酵素（デンプンを分解するアミラーゼ群、タンパク質を分解するプロテアーゼ群など）で分解させます。

酵素によって分解されるのは、デンプン、タンパク質といった高分子物質であり、特に、デンプンから糖への反応がメインとなるため、「糖化」工程とよびます。

こうした酵素反応に重要な要素は温度です。まず最初に、マイシェをプロテアーゼの最適温度である45～50℃に保ち、タンパク質の分解を行います。製麦の段階で、タンパク質はすでにかなり分解されていますが、仕込における分解のコントロールは重要で、分解を過度に進めると、ビールの泡持ちに必要なタンパク質が十分確保されずに泡持ちのよくないビールになってしまいます。一方で、アミノ酸の確保が十分でないと、酵母の増殖に必要な栄養源が不足します。酵母の増殖や代謝に悪影響を与える結果、発酵が滞ったり未熟臭が生成したり、酵母の代謝によるビールの香気成分が十分にできないなどの原因になります。

加温によってタンパク質が分解された後は、仕込でのメインとなるデンプンの糖化です。これにはまず、デンプンに水を吸収させて膨化させます。次に、その液の温度を上げて一定の温度に達すると糊化現象を示し、最終的にはアミラーゼの作用によってデンプンは糖類に分解されます(液化現象)。

麦芽のデンプンは糊化温度が75～80℃といわれていますが、アミラーゼの共存により、はるかに低温の50℃で糊化し、アミラーゼによる分解を容易にします。実際の仕込における糖化の最適温度は65℃付近であり、それよりも高いとアミラーゼが活性を失い、それよりも低いとデンプンの液化が不完全になり、糖化が十分でなくなります。酵母の栄養源としての糖類生成が不十分だと、酵母の増殖や代謝を通じてビールの品質に種々の不具合が生じます。また、酵母に分解され

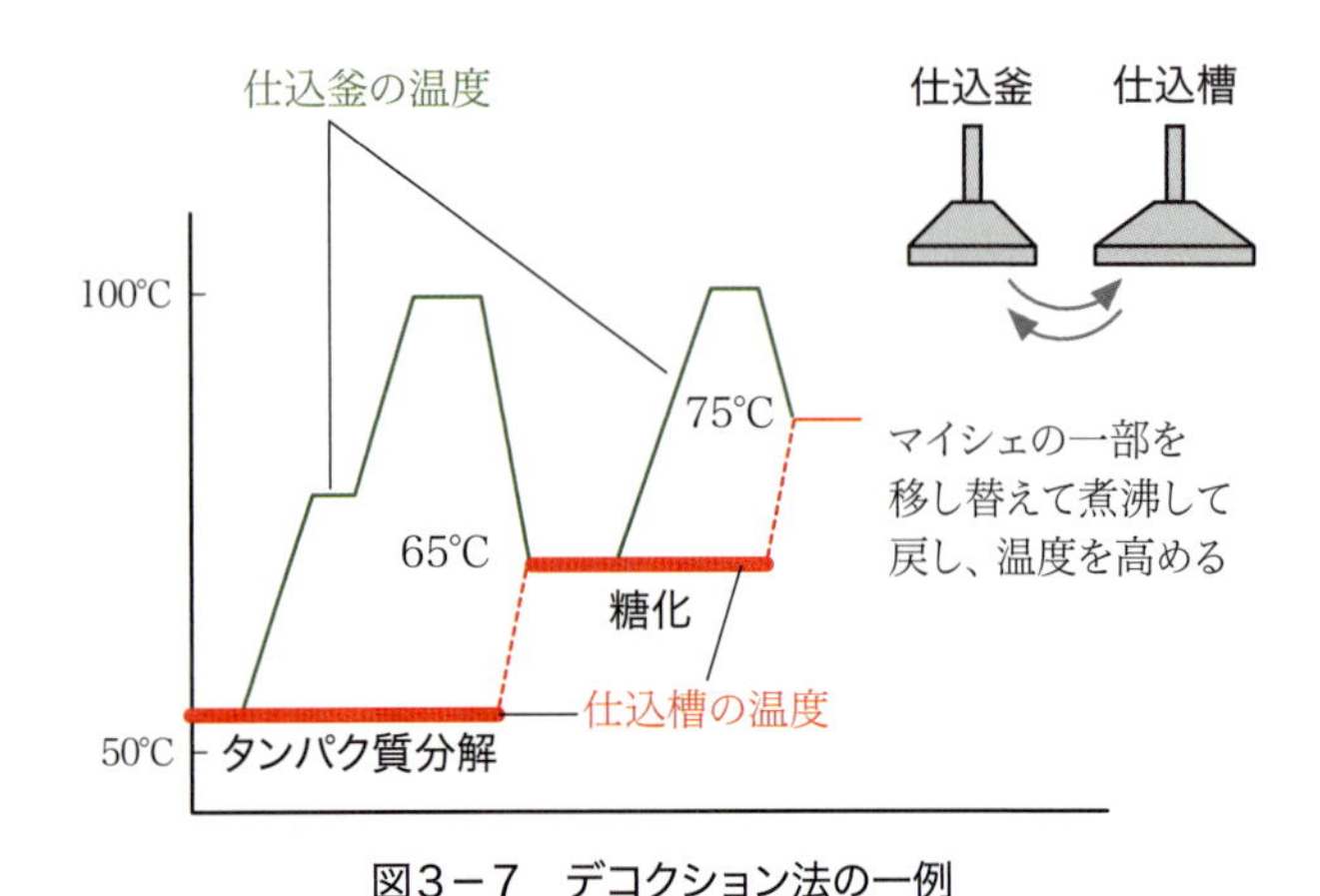

図3－7　デコクション法の一例

仕込槽からマイシェの一部を取り出し、仕込釜に移して昇温・煮沸した後、ふたたび仕込槽に戻すことで、仕込槽の温度を段階的に上げていく方法（この図では2回煮沸デコクション法）

なかった糖類は、そのままビールの甘味に寄与します。

糖化には、マイシェへの熱負荷のかけ方によっていくつかの異なる方法があり、これらによってもビールの香味スタイルは左右されます。徐々に温度を上げて煮沸をしない方法（インフュージョン法）は、麦汁への熱負荷を少なくした短時間の糖化であり、味がやわらかく、さらっとした、淡い味わいのビール醸造に向いているといわれます。

一方、マイシェの一部を煮沸するデコクション法（図3－7）は、糖化にじっくり熱と時間をかける方法で、厚みがあって飲みごたえを感じさせるビール品質に向いているとされています。デコクション法では、マイシェの一部を煮沸して残りのマイシェに戻し、い

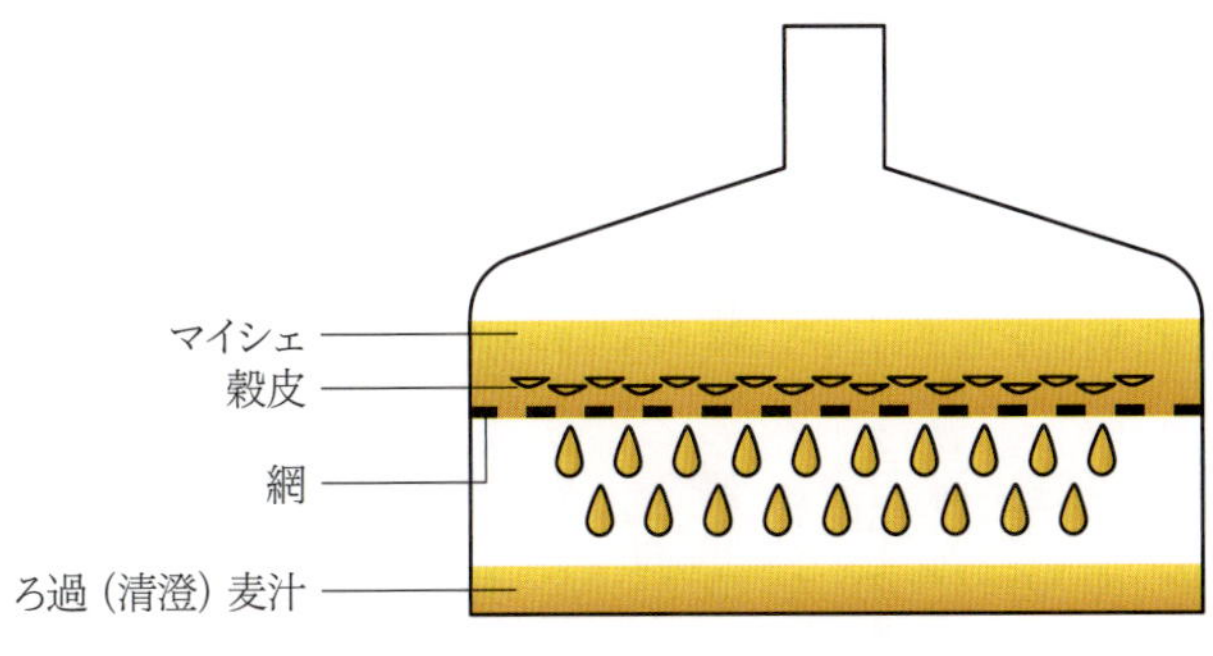

図３－８　麦汁ろ過のようす（ろ過槽）

わば「ガツン」と温度上昇を行わせます。この操作を重ねることで、熱負荷によってマイシェの色はどんどん濃色化していきます。実際に、黒ビール系ではこの操作を２～３回行っています。

❸麦汁ろ過

糖化を終えたマイシェは、仕込まれた当初の状態と比べるとサラサラした感じになっています。高分子物質が分解されて、粘性が低下したためです。とはいえ、麦芽の穀皮やその他の不溶物もまだ多く残っており、これらをろ過することで、清澄度が向上した麦汁が分離されます。

麦汁のろ過には、ロイターというろ過槽を用います。ろ過槽には、０・７～１・２㎜のスリット付きの「ろ過網」が底面に据えられており、その上にマイシェを均等に平らになるように移し、麦汁をろ過するしくみです（図３－８）。

網の上に沈んだ麦芽の穀皮部分を中心とした層（「麦層」といいます）でろ過しており、いわば、「麦芽自身で自らの栄養分をろ過する」工程です。マイシェをろ過しきった後にも麦層にエキスが多く残っているので、お湯（撒き湯）をかけてさらにエキスを取り出します。

ろ過が効率的に進行しないと、種々の問題が生じます。まず、エキスを十分に収得できなければ経済上のロスにつながります。また、無理にエキスを搾り取ろうとすれば、麦芽穀皮の余計な成分（ポリフェノールやタンニンなど）も加わることになり、ビールの香味に悪影響を与えます。他方、適度なポリフェノール成分などはビールの香味耐久性や「味の締まり」に関係するため、バランスが要求されます。

たとえば、フィルター式のコーヒーの抽出でも、初流部分の液だけでは、やや味の締まりに欠け、終流部分の液も適度に必要だといわれます。しかし、余分にコーヒーを抽出しようとすると、こんどは渋味や雑味成分が抽出され、香味のバランスが崩れます。このように、ろ過における麦汁分離がうまくいかないと、設計したとおりの品質に造り込めなくなってしまいます。

ろ過では、上流の工程の影響も受けます。たとえば、前述のように粉砕であまり細かく麦芽を砕きすぎると、ろ過層で目詰まりを起こし、ろ過が滞ります。糖化が十分でないとデンプンやデキストリン成分がろ過層の表面に堆積し、これも目詰まりの原因になります。ろ過の担当者は、ろ過槽での麦層の厚さや性状を見たり、ろ過時間の管理や撒き湯の量の調節をしたり、ろ過麦汁をグラスにとって濁りの度合いを観察したりと、細心の注意を払います。

なお、ろ過後にろ過槽に残った麦層はムダにはなりません。これは、いわゆる「ビール粕」として、畜産農家に引き取られ、牛のエサとして使われます。ビール粕は、糖分やミネラル、ビタミン、食物繊維が含まれたバランスのよいエサになります。

ビール製造業は一種の「農産物加工業」であり、基本的には製造過程で廃棄物は出ず、必要のなくなったものは安全・安心な副産物として活用されています。後出する余剰ビール酵母も、医薬・食品などで幅広く用いられ、工場の排水処理で出てくる汚泥ですら、堆肥として農業で使われています。

❹麦汁煮沸

ろ過された麦汁は煮沸釜に移され、ホップを投じて1時間余り煮沸されます。麦汁煮沸の目的は、まず第一にホップの苦味成分とホップ香の精油成分を麦汁に溶かし込むことです。ホップ中の苦味成分はアルファ酸として存在しますが、アルファ酸自体は麦汁に溶けにくく、また苦味もさほどありません。しかし、アルファ酸は煮沸の加熱によって、イソアルファ酸に変化することで麦汁中に溶け出し、また苦味を呈するようになります。ホップ精油成分は、ホップの球花に含まれるフムレンやミルセンなどのテルペン系の物質で、ホップらしい芳香のもととなっています。

また、煮沸によってホップのタンニンも抽出されますが、これと麦汁のタンパク質が結合物をつくり、ブルッフとよばれる凝固物を生成します。この沈殿物を除去することにより、麦汁を清澄化させ、ビールの混濁耐久性を高めています。

長時間の麦汁煮沸によって、麦汁中に着色物質が大量に生成し（麦汁中の糖とアミノ酸によるアミノ・カルボニル反応やポリフェノールの重合など）、ビールの香味耐久性が高まります。さらに、麦汁のもつ不快な揮発性物質（硫黄系物質）を蒸散します。要は、熱反応で蒸発させるものは飛ばす、固まったものは不溶物として沈めるという分離をバランスよく行うわけです。

煮沸の結果、麦芽由来の酵素活性は完全に失活します。これによって糖化反応はストップし、また、混在していた微生物も死滅して、以降、麦汁成分は安定化します。同じ麦汁でも、ろ過で得られた麦汁のことを「スイート・ウォルト（甘い麦汁）」といい、ホップ添加後の麦汁のことを「ビター・ウォルト（苦い麦汁）」といいます。スイート・ウォルトは相当甘く、いわば甘酒のような感じです。ビター・ウォルトはホップの苦味が効いた甘苦い味です。

煮沸直後の麦汁には、熱で凝固した物質や、溶けきれない不溶物やホップ粕が混ざっているので、これらを分離しなければなりません。分離が悪いと、香味にホップの樹脂的な感じが強く出てきます。熱麦汁はワールプール（旋回分離槽）とよばれる沈殿槽に接線方向から旋回流れで移し、遠心力と重力を活用してホップの粕や不溶性物質を分離します。ちょうど、紅茶を入れるときに、スプーンで液をかき回して渦をつくると、真ん中の部分に紅茶の葉っぱの一部が集まってくるのと同じ原理です。

❺麦汁冷却

煮沸後にワールプールへ送られて沈殿物を分離した後、麦汁はプレートクーラーなどの冷却機で酵母による発酵開始温度（下面発酵では10℃以下）まで急速に冷やされて、発酵工程へ送られます。

近年の研究によって、仕込でどれだけ酸化されなかったかが、容器に詰めた後のビールの香味の耐久性を高めることが明らかになりました。製品のおいしさを維持するという観点から、酸素になるべく触れさせないように仕込設備や条件が改善されてきています。たとえば、マイシェを仕込槽や仕込釜といった容器のあいだで移し替える際に、以前は槽や釜の上部より落とし込む形で行っていました。その方式では空気中の酸素を多く取り込んでしまうため、現在は槽や釜の下部に設けた配管から静かに下入れ・下出しで行っています。

また、仕込は熱をかけて高い温度が続く工程であり、ビールの醸造過程において工場内で最大のエネルギーを必要とするため、省エネルギーの観点からも改善の目が注がれます。仕込や煮沸で使った熱エネルギーの回収を効率よく行ったり、従来より熱をかけずにすむような工程や原料が考えられたりするなど、環境面での工夫もなされてきています。

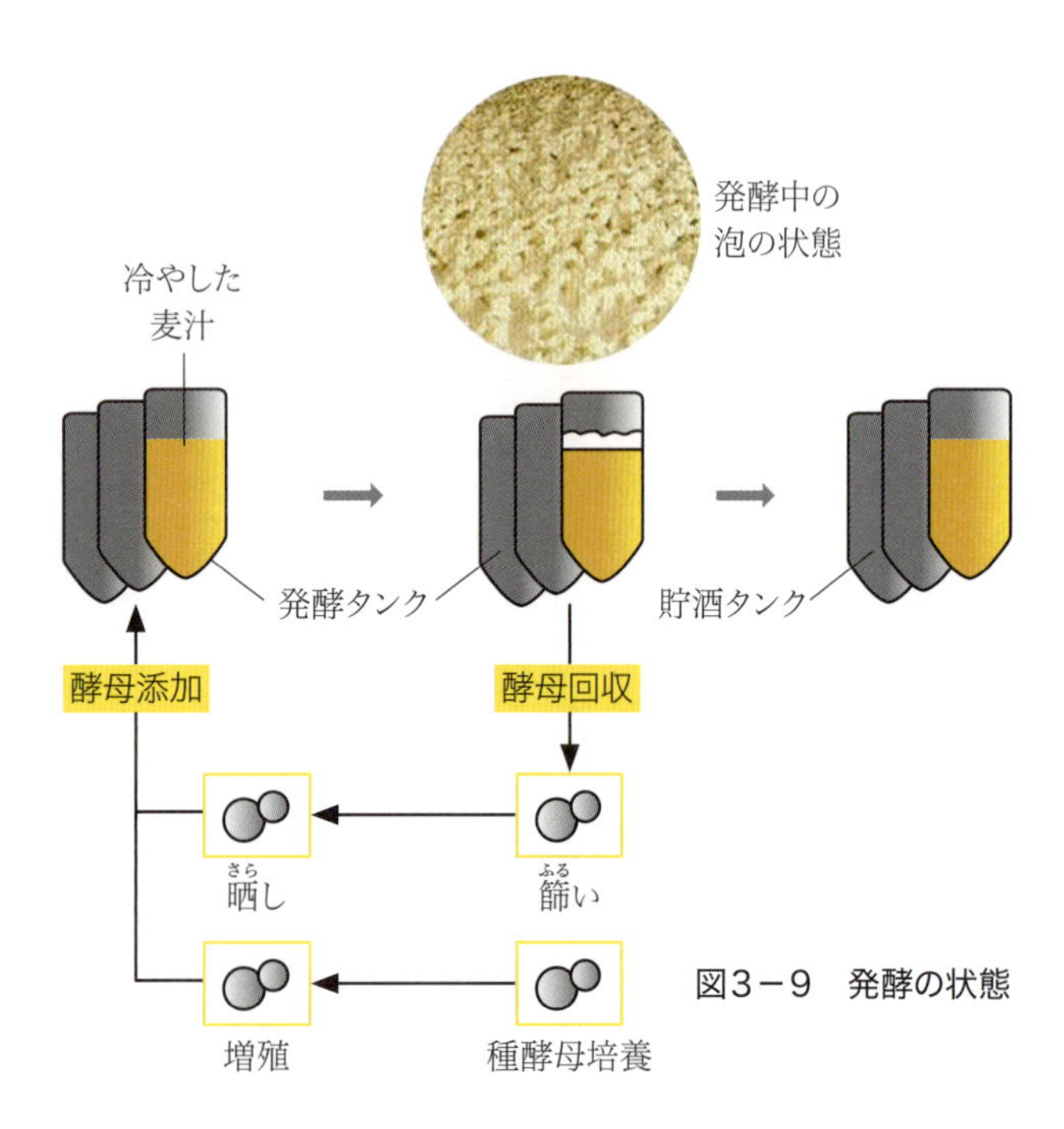

図3－9　発酵の状態

お酒造りの真髄
——「発酵」と「熟成」

冷やされた麦汁は、その時点ではまだアルコールを含んでいません。麦汁をビールにするのが「発酵」です。発酵は、冷却された麦汁に、酵母の増殖に必要な通気を行って酸素を適量溶解させ、所定量の酵母を添加して発酵タンクに収めることで開始されます（図3－9）。

酵母は、発酵初期に麦汁に溶けた酸素を取り込んで、増殖の準備をします。その後、母細胞から娘細胞が出芽して増殖します。最初に通気された酸素は、ほとんど瞬

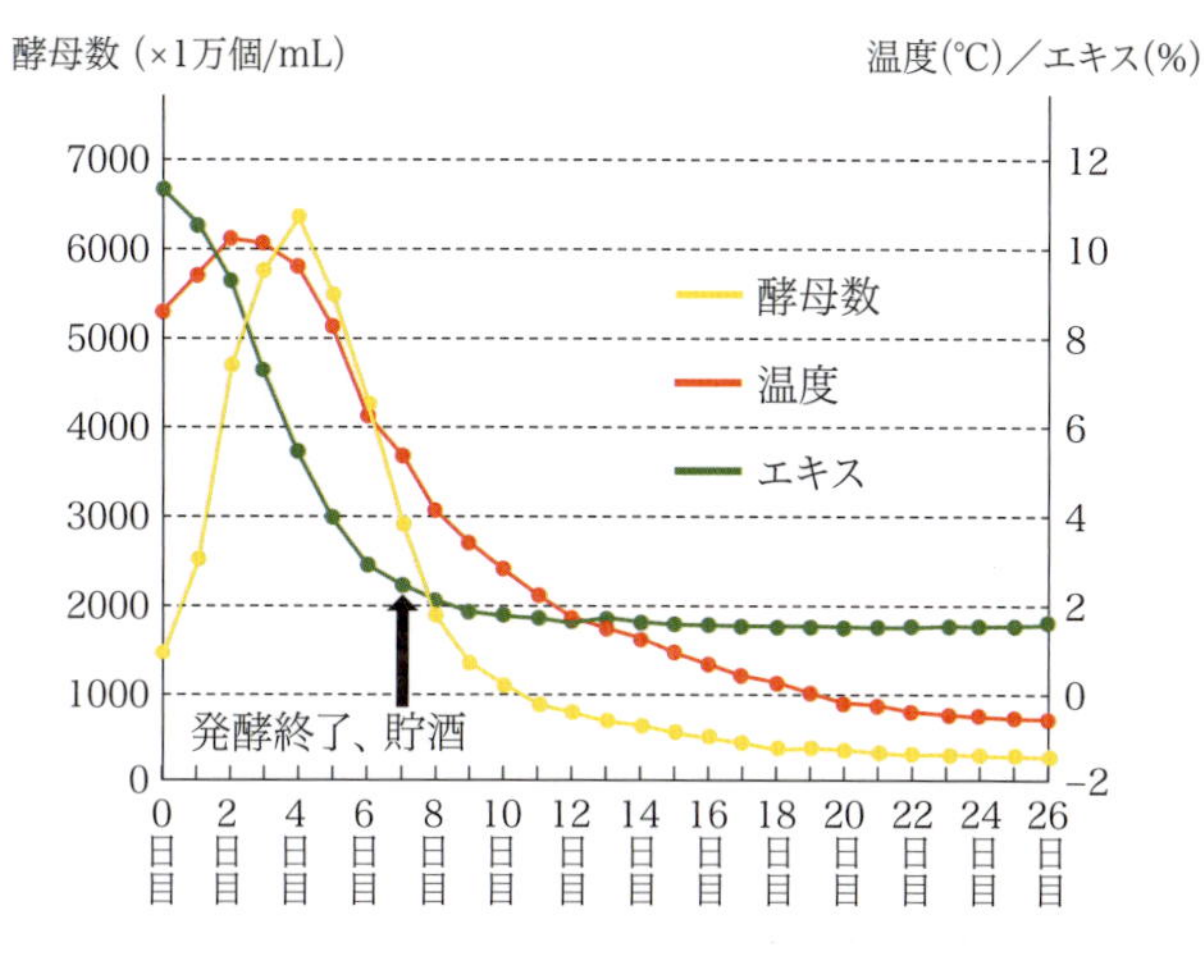

図3−10　下面発酵・貯酒の経過の一例

時に酵母に取り込まれ、発酵タンクはすみやかに酸素のない嫌気状態に移行します。酵母は、糖類やアミノ酸などの窒素源をはじめとするエキスを取り込みながら、アルコール発酵を行います。下面発酵では10℃前後でおよそ1週間、上面発酵では15〜25℃で数日間、発酵が継続します（図3−10）。

発酵温度を除けば、上面発酵と下面発酵とで、81ページ図3−5に示した工程の流れに明確な違いはありません。いずれも冷却した麦汁に酵母を添加し、発酵タンクに収め、発酵開始となります。ただし、下面発酵では、発酵終了時に酵母はタンク底に凝集・沈殿し、ビールと酵母の分離（回収）が通常、円滑に進められるのに対し、上面発酵では発酵終了後、昔はタンク表面に浮き上がった酵母を漉き取る（スキミング）方法が採られていたようですが、現在では温度の低下とともに酵母が沈降し、ビールと分離できることも多く、また、遠心分離機で酵母を分離することもあります。

発酵の進み具合は、酵母によるエキスの消費量（比重計でエキスの減少を日々、測定する）や、液中を浮遊する酵母の数（発酵液を日々、顕微鏡観察して酵母数を数える）を指標としながら、温度によって管理します。発酵が緩慢な場合、少し温度を高めれば発酵は促進され、逆に発酵が進みすぎであれば温度を下げます。酵母は生き物ですので、予定の日に発酵が終了せず、やむを得ず数日間延びてしまうこともありえます。

発酵では、アルコールが生成され、同時に発生する炭酸ガスが一部溶解しますが、酵母由来の香気成分も生成されます。たとえば、酢酸エチル（果実香）、酢酸イソアミル（バナナのようなフルーティーな香り）、カプロン酸エチル（日本酒の吟醸香）などの芳香性のエステル成分などです。

一方で、同じく酵母由来の、好ましくない臭いもあります。代表例は、ジアセチルという未熟臭です。ジアセチルはバター臭ともいわれ、0・1ppm（ppmは100万分の1）以下の極微量でもビールの香味を損なう、非常に不快な臭いです。

ジアセチルの発生は、酵母が増殖する際にバリンというアミノ酸を生成しますが、その中間体のアルファアセト乳酸が生成し、これが酵母細胞外へ分泌され、ジアセチルに変換されることによります。しかし、熟成を十分に行うことにより、このジアセチルはふたたび酵母に取り込まれて還元され、未熟臭を発しない成分に変換されます。ここで重要なのは、酵母の活性が高いことです。酵母の活性が低いと還元が十分に行われず、未熟臭が残ったビールになってしまいます。

それ以前に、活性の低い酵母では、そもそも発酵が緩慢で酵母の増殖やアルコールの生成が十分に進みません。発酵や熟成の過程で酵母にしっかり活躍してもらうためにも、仕込での良質な麦汁の生成、初期の十分量の酸素の吹き込み、さらに発酵や熟成段階に入ってからの温度管理などが重要となります。もちろん、酵母の培養の管理も大切です（図3－9参照）。

種酵母は、自前の培養容器で保管したり、あるいは外部の供託機関から購入するなどして、必要な量までスケールアップしながら増殖させた後、発酵工程へと添加されることになります。通常、発酵が終了するとタンク底に沈んだ酵母を回収し、よく洗浄して発酵中に酵母細胞の表面に付着した苦味成分やタンパク質、ポリフェノールなどの不溶物（デッケといいます）を篩い落とし、次回の発酵に使用するまで清潔な冷水にさらしておく必要があります。

いずれにしても、活性の高い酵母を確保し、発酵工程に供するべく、醸造技術者は生き物相手のハンドリングに細心の注意を払うことになります。極端なことをいえば、酵母の管理に失敗すれば麦汁を台無しにし、できあがったビールは、とてもおいしいとはいえない代物になってしまいます。

「若ビール」を熟成させる

発酵に続く工程が、「熟成（貯酒）」です。通常の下面発酵の場合、エキスの9割程度を消費すると発酵期間を終え、発酵タンクの底に沈んだ酵母を回収して、ビールは貯酒タンクに送ります。この段階のビールは「若ビール」と称され、香味はまだ未熟で飲用には及びません。先ほどのジアセチルなども、まだ十分には還元されていない状態です。

貯酒の目的は、残存するエキス分を酵母で再発酵させ、生じた炭酸ガスの所定量をビールに溶解させることです。並行して、若ビール中に残った酵母によって香味の熟成が行われたり、低温下に置くことで析出する物質を沈め、濁りにくいように液の安定化が図られるなどして、製品化後の品質の耐久性が付与されていきます。下面発酵の場合、貯酒は数週間から1～2ヵ月程度は必要とされています。

貯酒工程では、発酵の終了温度から0℃付近へと徐々に冷却していきます。時間とともに、酵母や不溶物が沈んでいき、液はしだいに澄んできます。沈んだ酵母をそのままに放置すると、雑味や泡持ち低下の原因になるため、適宜抜き出します。

発酵工程では、麦汁を酵母によって力強く発酵させ、アルコールや酵母の香気成分、炭酸ガスを生成させることで、ビールの基本骨格をつくります。そして、続く熟成工程では、残存するエキス分を使って酵母をじっくり働かせ、未熟臭の除去を行い、液を十分に冷やし込むことでビールの清澄化を図ります。同時に、炭酸ガスを十分に溶け込ませて、コロイド的に安定化させることで、粗さのとれたバランスのよい香味に仕上げていきます。なお、発酵工程における発酵のことを「前発酵」、熟成や貯酒工程の発酵を「後発酵」ということもあります。

ビール酵母以外の微生物を用いるビール造り

ビールの醸造に関わる微生物は、主としてビール酵母です。酵母による香味の特徴を分類すると、そのビールが上面発酵で造られたのか、下面発酵によるものかで違いがあります（78ページ参照）。一般に上面発酵酵母の場合、華やかな香りと個性的な特徴を醸し出すのに対し、下面発酵酵母では爽快でスッキリしたおだやかな香味を醸し出します。これは、酵母の性質と発酵温度に左右される酵母の代謝からも影響を受けます（一般には、高温で発酵すると果実香的なエステル成分は増加する）。

一方で、自然の発酵に任せるベルギー・ブリュッセル地方のランビックや、酵母と乳酸菌の混合発酵によるドイツ・ベルリンのベルリナーヴァイセといったビールもあります。ランビックは人為的に培養した酵母は使わず、いわば醸造所に棲みついている野生の酵母や乳酸菌その他のバクテリアによる自然な発酵に任せます。人為的に管理された酵母を添加するのではなく、沈殿・

冷却槽で開放された麦汁に環境から微生物が入るところに特徴があります。いわば、蔵つきの酵母や微生物叢に存在する微生物の活用です。

発酵容器にはワインに使われたオーク樽を用い、数年かけて発酵を行います。味の特徴は酸味にありますが、それは乳酸菌がつくる乳酸のためです。若いランビックにチェリーやカシスといったフルーツを漬けて再発酵させたビールは、ブリュッセル地方の名物の一つです。

一方のベルリナーヴァイセは、上面発酵酵母と乳酸菌によって発酵させたもので、酸味が強く、シャンパンのような泡の感じと清涼感に特徴があります。

おいしさを磨く「ろ過」

ビール醸造の仕上げの段階であり、ビール酵母や貯酒中に発生する混濁物質の粒子を除き、最終的にビールを透明な照りのある黄金色の輝きにするのが「ろ過」工程です。

ろ過装置としては、遠心分離機、珪藻土ろ過機、膜によるシートフィルターやカートリッジフィルターが用いられるのが一般的です。珪藻土ろ過機は、珪藻土をろ過助剤とする方式で、多孔質の担体にろ過助剤のケーク（ろ過層）を形成しながらろ過を行います（図3－11）。

化石の一種である珪藻土を使用するろ過法は現在、多くのビール工場で用いられています。酵母や微粒子の捕捉性がよく、ろ過の流量も大きくでき、ろ過後のろ過機の洗浄も自動化しやすい

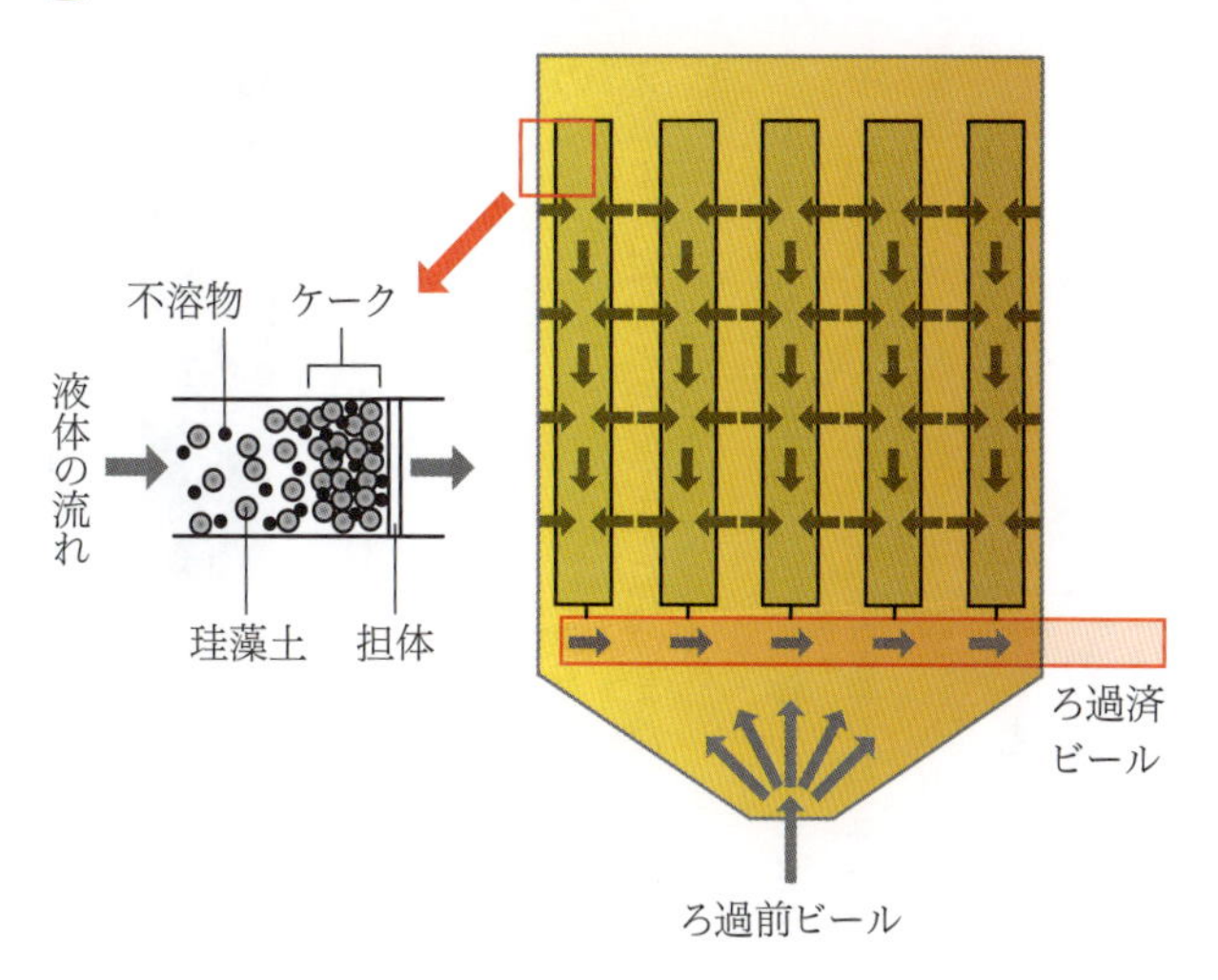

図３－１１　ケークろ過の原理

利点があります。

１９７０年代以前は、ろ過と熱殺菌（パストリゼーション）を組み合わせたものが主流でしたが、時代とともに熱殺菌をしない「生」ビールの価値が高まってきました。日本ではかねてより生ビールの評価が高く、ビアホールのビールだけではなく、通常の瓶や缶ビールの市場でも熱処理しない生ビールが求められはじめたことが背景にあります。

低温殺菌とはいえ、多少でも熱処理することは、ビールの熱履歴を増加させることであり、ビールの老化や劣化の観点から、生のほうが好ましいのは間違いありません。生ビールを造るためには、醸造工程全体にわたって微生物汚染を予防する設備や管理方式が必要です。それらが整備されてきたことによって、現在では熱殺菌をせず、ろ過のみを行うビールがほとんどです。

3-4 クラフトビールの楽しみ方

クラフトビールが多様にするビール文化

「クラフトビールブームでビールもより多様化してきた」

最近、よく聞く言葉です。確かに、これまで名前は知っていても、実際にはそれほど見る機会のなかった銘柄や、多様なジャンルのビールがコンビニエンスストアやスーパーなどで気軽に買えるようになってきました。また、そうしたビールを扱うビアパブやビアレストランも増えています。

また、注ぎ方や飲み方も多彩になってきており、同じビールでも注ぎ方を変えて飲んだり、レモンやライム、オレンジガーニッシュなどを添えて飲むことで新たな味わいやスタイリッシュさを演出するなど、ビールの楽しみ方はさまざまに進化しています。

このような状況がどのようにして創り出されてきたのか。その要因を、クラフトビールの「歴史」と「種類」「技術革新」の三つの側面からひもといてみましょう。

なお、クラフトビールの明確な定義は現時点で存在しませんが、ここではひとまず「小規模醸造設備を使って造られる、造り手の個性や感性を大事にした、創造性のある、さまざまな特徴のあるビール」ととらえておくことにします。また、いわゆる地ビールも、クラフトビールとほぼ同義語ととらえていいでしょう。

日本のビール史はクラフトビールから始まった⁉

日本のビール史をたどってみると、興味深いことがわかります。実は、ビールが本格的に飲まれるようになった明治初期には、ペールエールやインディア・ペールエール（ＩＰＡ）など、現在のクラフトビールブームのトレンドとなっているタイプのビールが意外に多く飲まれていたのです。

種々の記録によれば、ペールエール、ＩＰＡ、ポーター、ボック等は、冷却貯蔵の設備を必要としないこと、比較的短時間の発酵で造れることなどの理由から、明治初期には多く出回っていたようです。やがて、他の国の流れと同じく、香味がおだやかで、爽快で飲みやすいビールが多くの日本人の嗜好にマッチし、日本料理にもよく合うということからラガータイプのビールが主役となっていきます。そして現代にいたるまで、ビールといえば主として、ラガータイプの中でも爽快で、ホップのきいたピルスナータイプ（淡色・下面発酵・長期熟成ビール）のことを指すようになりました。

地ビールブームが予感させたビールの進化

潮目に変化が現れたのが、１９９４年のいわゆる地ビール解禁です。時の細川護熙内閣の目玉政策であった規制緩和の一つとして酒税法が改正され、ビール製造免許の交付条件が、従来の２０００kLから60kLまで引き下げられました。これを機に、さまざまな地域で町おこしの意味合いも兼ねて、続々と地ビールが誕生していきます。

当時の地ビールは、ラガータイプ以外の個性に富むさまざまな上面発酵系のビールや、ご当地の素材を使った、その場所でしか飲めないビールなどが現れ、新しいビール文化の発展を予感させました。１９９４年以降、ビール醸造場は急速に増え、１９９９年のピーク時には２６４場まででいたりました。その後、２００９年までは２００場を維持してきましたが、２０１０年以降は２００場を割り、２０１６年現在では１８２場となっています。

最近は、当時を彷彿(ほうふつ)させるクラフトビールブームの勃興もあり、醸造場数がふたたび増加する可能性もあります。大手ビールメーカーも、種々の取り組みによるクラフトビールへの参入を試みる傾向にあります。

規制緩和から20年以上が経過しましたが、その間にクラフトビールメーカーが地道に実力をつけ、すばらしい品質のビールを製造してきていたことに加え、クラフトビールを楽しむ文化が多くの日本人に受け入れられ、ラガータイプ以外の海外の個性的なビールの輸入量も増えていることも、今後のクラフトビール市場を支えていくでしょう。

もちろん、アメリカをはじめとする諸国においても、クラフトビールは現代のビール市場における大きな潮流として発展してきています。また、ウェブやＳＮＳの普及による情報化社会の発達、趣味・嗜好の多様化なども相まって、自分好みのモノを求める消費者ニーズが、クラフトビールの個性とマッチしたこともあるでしょう。消費者ニーズ、品質、世間の流れがマッチしたことで、ブームが定着する兆しを見せているといえそうです。

クラフトビールや、海外の個性的で多種多様なビールを選ぶ楽しみが増えたことが、昨今のビール文化における大きな変化であるといえるでしょう。

クラフトビールブームの火付け役――「再発見・再発明」されたビールスタイル

クラフトビールがこれほど広がりを見せているのはなぜでしょうか？　その謎をひもとくカギは、ビールスタイルの再発見・再発明にあります。

ビールスタイルの再発見とはなんでしょうか？　前項で紹介したとおり、ペールエールやＩＰＡなど、多くのビールスタイルは、すでに明治期の日本で発売されていたものです。その後の日本では、ほとんどがラガータイプに集約され、同様の傾向は海外でも、ごく最近まで続いていました。

ラガータイプ以外のビールが日常的に飲まれてきたのは、ベルギーやドイツ、イギリスなど、一部の国に限られています。イギリスではペールエールやIPAが、ドイツではヴァイツェンやアルト、ケルシュ、ゴーゼ（塩入りのビール）が、そしてベルギーではサワービールやフルーツビール、ベルジャンホワイトなど、多種多様なものが楽しまれてきた経緯があります。

ただし、これらのビールは一部の愛好家のみが知る、いわば限定的なビールであり、基本的にはその生産地域に行かなければ飲むことができないお酒として認識されていました。

この流れに大きな変化を生じさせたのが、イギリス人ビアライターのマイケル・ジャクソンによる伝統的ビール、特にベルギービールの「再発見」です。彼が行ったのは、これら各地域でしか飲まれていなかったビールを紹介することです。たとえば『THE WORLD GUIDE TO BEER』（1977年）などの書籍にまとめられたことで、多くの人たちの目にとまることとなりました。

彼の仕事は、「世界にはこれほどまでに面白く、多様なビールがあったのか！」という驚きと感動を与えたのです。これが伝統的ビールの「再発見」です。「ラガータイプは確かにおいしいけれど、それだけがビールじゃない！」という気運が生まれたのです。

マイホーム醸造家がビールを革新

クラフトビールが耳目を集めたもう一つの理由が、ビールスタイルの「再発明」です。これに大きく関わるのが、１９７８年のアメリカでの「ホームブリューイング」解禁です。これにより、普通の人でも自宅でビール醸造ができるようになり、先のジャクソンの書籍等に触れることで、実にさまざまな種類のビールを自分たちで試して造るようになりました。

ホームブリューイングの流行によって、ビールの多様性が加速度的に知れ渡ることとなりました。現在のアメリカで著名なクラフトブルワリーのほとんどが、ホームブリュワー出身です。彼らは当初、当時全盛を極めていたラガータイプではない、ベルギーやドイツ、イギリスなどにある上面発酵ビールのスタイルをそのまままねて造っていました。やがて、その伝統的なビールスタイルに彼らなりのアレンジを加えるようになっていきます。

そのようにして誕生したのが、アメリカンスタイルペールエールやアメリカンスタイルＩＰＡなど、もとのスタイルから派生した新しいビールスタイルです。これら新しいスタイルは、伝統的なスタイルに比べて香り・味ともに個性を強くしており、誰が飲んでもはっきりと違いがわかるビールでした。そのため、大手メーカーの画一的な味を嫌っていた層、とりわけ若い層のハートをぐっと摑み、急速に拡大していきました。

この流れが、やがて日本にも入ってきたことで、伝統的なビールスタイルだけではなく、個性的なクラフトビール造りへのチャレンジが多くなされるようになっていきます。それらのビールの個性的な香りは、アメリカ同様、日本においても人気を博すようになりました。

すなわち、現在よく飲まれているクラフトビールの源流をたどると、昔から世界各地で造られ、飲まれてきた地産的なビールスタイルに行き着き、それらに、今ならではのアレンジを加えることでさらなる進化を続けていると見ることができます。この流れは、2000年代に入ってから顕著になっています。

ではなぜ、2000年代序盤というタイミングで、ビールに新しいアレンジを加えることができるようになったのか。その背景には、技術革新と原料の変化がひそんでいます。

上面発酵酵母の利点

まず、発酵・製造方法に起こった変化を見てみましょう。

発酵方法としては、ラガータイプのビールのような下面発酵・長期熟成だけでなく、上面発酵系の活用が一つのポイントとなっています。上面発酵酵母は、下面発酵酵母に比べて華やかで特徴のある香味を呈するものが多く、また、発酵温度が高く、発酵時間が短いことから熟成工程が長くかからないという特徴を備えています。つまり、下面発酵酵母に比べ、より効率よく造ることができるのです。また、ラガータイプ以外の世界の伝統的なビールには上面発酵系のものが多く、個性あるビール造りに向いているといえます。

次に原料です。ラガータイプのビールの原料は、おもに大麦の麦芽とホップです。副原料も一部使いますが、コーンやコーンスターチ、米等が主です。これに比べ、もともと世界の上面発酵系のビールでは原料の幅が広く、大麦以外の小麦や小麦麦芽、ライムギ（バイエルンのロゲンビール）、蜂蜜やシロップ類、乳糖（ミルクスタウト）、ハーブやスパイス、各種フルーツ類等、牡蠣（かき）（オイスタースタウト）まで、多種多様な原料が使われています。

地産地消的な観点からも、サツマイモやかぼちゃ、黒糖やゴーヤ等、面白い材料が種々あります。これだけを見ても、ラガービール以外に、さまざまなビールが膨大に存在しうることに驚かされます。旧酒税法では、原料が制約されている関係から、これら特殊な原料を使うものはおおむね発泡酒に分類されてきましたが、２０１８年4月の酒税法改正でビール表示できるものも増えました。原料の多様性はビールの多様性に即つながるため、今後はますますラガータイプ以外の伝統的なビールの製造や、新しい原料を使った新しいビールへのチャレンジが進んでいくでしょう。

特徴的・個性的なホップが革新したＩＰＡ

原料の中で最も大きな影響を与えたのが、72ページで紹介したきわめて特徴的・個性的なホップです。これらのホップの活用によってアレンジされた伝統的なビールとしては、ＩＰＡが有名です。

ＩＰＡの誕生は、大英帝国時代まで遡ります。当時はイギリスの植民地だったインドに輸出されたエールには、腐敗を防ぐ目的で大量のホップが使われ、その結果、苦味が通常の何倍にもなるビールが生まれました。この苦味に富んだビールがＩＰＡです。

「これまでのビールにはない個性的な香りをもつ苦いビール」という新しい価値が加わった「アメリカンスタイルＩＰＡ」は、伝統的なＩＰＡとは異なる別のビールスタイルを築いています。

そしてこの新しいＩＰＡこそが、クラフトビールを爆発的に広めた功労者といわれており、現在でも、クラフトビール界における最大のトレンドとなっています。

新しいホップの使い方

ビール製造工程において、ホップは麦汁の煮沸工程で用いますが、この工程でホップの特徴をさらに引き出すための技術的な工夫が二つあります。

一つは、煮沸初期にホップを添加することで、よりホップの苦味を十分に抽出する方法（ケトルホッピング）で、もう一つが、煮沸の後期や終了前に添加することでよりホップの香りづけを目的に使う方法（レイトホッピング）です。煮沸におけるホップの使い方、たとえば投入時期や回数、投入量のバランスや使う品種の組み合わせ等で、ホップの特徴を十分に引き出すわけです。

これらの特徴的・個性的なホップを用いてこのような技術と組み合わせれば、きわめて香味に特徴のあるビールを造ることができます。このような、ホップの使い方に関する技術的な「こだわり」も、醸造技術者として重要な腕の見せどころです。また、海外では伝統的なエール等で用いられているドライホッピング技術（大昔からある英国での伝統的なエールで、たとえば樽の中での熟成中にホップを添加するような技術）があり、ビールに対してホップの成分の特徴をより強くつける技術といえます。

これらのホップの中には、従来はあまり使われてこなかった品種が多く、白ワイン様の香りや、マンゴーなどのトロピカルフルーツ的な香りなどを用いて、これまで存在しなかったタイプのビールが多数造られてきています。また、ホップどうしのブレンド技術も研究が進んできており、複数種のホップをブレンドすることで、単独では出せない香りに変えたり、香りのボリュームを増やしたりするなど、ホップの活躍の場はまだまだ広がっていく勢いです。

新たなクラフトビール造りに向けた挑戦の中で、新しいホップの使い方や品種の多様化等が試みられていくに違いありません。

クラフトビールの今後

クラフトビールメーカーは日々、新しいスタイルを模索しています。苦さを抑えてホップの鮮烈な香りだけをつけた濁りの強いＩＰＡや、アルコール分の多い原酒ビールを木樽で熟成した後にブレンドするウイスキーのような造り方をするビール、ランビックのような酸味がありつつホップも効かせたビール、伝統的なピルスナースタイルにクラフトビールならではのアレンジで特徴的・個性的なホップをふんだんに使用したピルスナーなどが開発され、多くの人が楽しんでいます。

3-5 ノンアルコールビールはどう造られる？

ノンアルコールビールを造る四つの方法

正式には「ノンアルコールビールテイスト飲料」とよばれるいわゆるノンアルコールビールは、アルコール分1度未満のビールテイスト飲料のことでした。ノンアルコールビールは、どのようにして造られるのでしょうか？　また、発売以来、年々おいしくなってきている印象をおもちの方も多くいらっしゃると思います。どのような技術の進歩があって、ノンアルコールビールの味は改善されてきているのでしょうか？　本節では、ノンアルコールビール造りの科学に迫ります。

ノンアルコールビールを造る技術には、大きく分けて四つあります。

第一の方法は、醸造過程の発酵中に、アルコールがあまり生成しないようにする方法です。たとえば、発酵終了後のアルコール分を低くすべく、酵母が発酵できる低分子の糖分を極力少なくなるよう調整した麦汁を用いる方法があります。また、発酵途中で急冷することにより、発酵を強制的に停止してアルコール分を抑える方法もあります。さらには、通常のビール酵母とは性質の異なる、アルコールを生成しにくい酵母を使用することで、アルコール発酵自体を抑制するような方法もあります。

第二の方法は、通常のアルコール分のビールを水で希釈する方法です。つまり、〝薄める〟ことでアルコール分を抑えます。

第三の方法として、通常のビールからアルコール分を除去する方法があります。特殊な膜を用いてアルコール分だけを選択的に取り除いたり、熱をかけたり圧力を減じたりすることで蒸留器でアルコール分を除去する方法などがあります。

これら三つの方法では、ビールらしい風味を維持しつつ、ある程度までアルコールを低減することはできますが、大きな難点があります。アルコール分１度未満のものはできても、昨今の日本で標準的な品質水準になっている「アルコール分０・００％未満」を満たすことが簡単ではないということです。

そこで、近年注目されている第四の方法として、「調合」によってノンアルコールビールを製造する方法があります。この技術では、基本的には酵母による発酵は行わず、麦汁やモルトエキスなどを原料として、これに糖類や酸味料、甘味料、苦味料、香料等を加え、清涼飲料水のように調合して造り上げていきます。この手法であれば、アルコール分を含まない原材料をうまく組み合わせることで、「アルコール分0・00％未満」の壁を乗り越えることができます。

どうしておいしくなったのか

ノンアルコールビールが登場した直後は、ビール党の方々の支持を得ることはそうかんたんではありませんでした。ところが近年、「おいしくなった」「味がビールに近づいた」といった声が多く聞かれるようになっています。どのような技術向上があったのでしょうか？

前項で見た第四の手法、すなわち「調合」の技術の進歩が大きく関わっています。日本で造られているノンアルコールビールの多くは、基本的に「調合法」によると思われますが、ビールの香味に対する繊細で精密な分析手法が近年確立してきており、その香味を再現するフレーバリング技術が飲料・香料業界で発展してきたことによる面が大きいと考えられます。

最近ではまた、糖類ゼロやカロリーゼロ、プリン体ゼロといった機能を付加した商品も一般的になりました。アルコールだけでなく、体に負担のあるものは極力摂りたくないという消費者のニーズに応える商品群ですが、これもまた、飲料製造で培った技術をうまく活用することで、機能性と味わいの両立を実現しています。

その前提として、ビール会社は「ビールのおいしさ」について、化学成分的にも感性科学的にも十分に知り尽くしているという背景があり、それを調合技術を駆使して再現しているのです。さらに、ノンアルコールビール飲料としての、ビールとはまた異なった新たなおいしさや価値を造り上げる科学や技術を熟知していることも重要な要素と考えられます。

ノンアルコールビールのこれから

キリンビールが、業界初の「アルコール分0・00%未満」を謳(うた)った「キリンフリー」を発売したのは2009年のことでした。同年のノンアルコールビールの市場規模は、年間400万ケース（大瓶20本換算）程度でしたが、翌2010年には1000万ケース程度へと大きく成長しました。その後、各社の新商品が次々に発売されたことで堅調に伸び、2017年には1900万ケース程度まで到達しています。ビール類全体の市場に占める割合は2017年で5％未満と、まだ決して大きくはないノンアルコールビール市場ですが、過去8年間で5倍近くに伸びたことは注目に値するでしょう。

ノンアルコールビールはもともと、ビールを飲めないときの代替品、つまり〝我慢商品〟的な存在であるといわれてきました。休肝日をはじめ、車の運転をしなければならないとき、まだ仕事や家事が残っていて酔うわけにはいかないとき、高齢になってビールをあまり飲めないとき……、さまざまな理由からアルコール分を含まないビールが要望されてきた背景があって、本物のビールに近いおいしさを楽しめる商品をつくる技術が探究されてきたわけです。

一方で、さまざまな味わいの炭酸飲料が多々あるなかで、ビール風味のすっきりした商品があってもいいのではないかという要望も多数ありました。言い換えれば、ビール的な清涼飲料水としておいしいものができれば、面白い存在になるのではないかというアイデアです。もちろん、ノンアルコールビールは成人向けの商品ですので、未成年が飲むことのないよう配慮する必要はありますが、種々の市場ニーズがあることから、ノンアルコールビールが今後、どのような発展を遂げていくのか楽しみです。

column

ビール好きと造り手の新たな関係

新商品の発売が間近になると、テレビＣＭや電車の中吊り広告といった媒体を通じて、盛んに広告宣伝が行われます。どの商品にもそれぞれにコンセプトがあり、それを端的に表現するのがキャッチコピーです。キャッチコピーを仔細に見たり聞いたりしてみると、その商品がもつ香味の特徴を必ずどこかで伝えようとしていることがわかります。その部分にこそ、造り手側の「ビール好きのみなさんにぜひ手にとって飲んでいただきたい。そうすればこの商品の良さがわかります」という想いが表れているのです。

さて、香味の特徴は、どのような言葉で表現されているのでしょうか?

その多くは、醸造技術者がビールを官能評価する際に使う用語を起点としてイメージされているようです。官能評価では、製品が設計どおりにできているかをチェックするために、色・光沢・泡立ち・泡持ち・香り・味・後味・濃醇さ・苦味の強さや質について、五感を駆使して評価が行われます。

それぞれの項目を言葉で表現すれば、たとえば「琥珀色の輝き」「泡のきめ細かさ」「麦芽の香ばしさ」「ホップのアロマ」「エステル香の程度」「キレの良さ」「厚みのある味わい」「インパクトのある苦味だが、後を引かない」といったような感じです。そして、その商品の原料や製法に、これらの言葉で表現できる根拠があるのがつねなのです。

たとえば「ホップのアロマ」であれば、アロマホップをふんだんに使ったり、添加方法を工夫したりしているでしょうし、「厚みのある味わい」とくれば、マイシェを2度煮沸する仕込方法を採っているでしょう。マーケッターはこうした表現を横目でにらみながら、消費者に訴求するオリジナリティを発揮しようと、日夜頭を悩ませ続けるのです。

これに対して近年、ビール好きを取り巻く状況に大きな変化が生じてきています。

一つには、本章で詳しく見たように、多種多様なビールがクラフトビールとしてポジションを得つつあることです。１９９０年代中盤の規制緩和による地ビールブームに端を発した流れは、近年になって品質にこだわる小規模醸造家の登場を促しました。彼らが、大手ビールメーカーとは一線を画すビールを提供することで、ビール愛好家はバラエティに富み、独自の品質を追求したさまざまなタイプのビールを味わうことができるようになっています。現代のビール好きは、味経験が豊富になってきているといえましょう。

二つめは、ビールのことを「知るは喜びなり」とする人々を対象とした、ビールにまつわる検定や資格が立ち上がってきたことです。これによって、従来は体系だった知識を得る機会が十分になかった消費者が恩恵を受けるようになってきました。多様な味を経験するだけでなく、ビールの背後にある歴史や文化、風土、技術等を知ることで、さらに楽しいビールライフにつながっているものと思います。

そして三つめに、ＩＴツールやＳＮＳの勃興によって、愛好家どうしや造り手が多様かつ綿密・個別につながることができるようになり、知識や経験を共有することを通じてさらなるつながりを築きたいというニーズが生み出されてきています。特に、ビール好きの喉をうならせるような記憶に残る感動体験を求める場が追求されており、全国各地で開催されているビール祭りはその好例となっています。

新商品やこだわりビールを媒介として、ビール好きと造り手とが双方向につながろうとする新しい動きが芽吹いてきているのです。

第4章

明日もおいしく楽しもう！

——「ビールの科学」最前線

4-1 「ビールの泡」を科学する

泡持ちのメカニズム——麦芽とホップの成分が協力

ビアホールで出される生ビールに乗った、きめ細かいクリーミーできれいな泡は、まさにビールのおいしさを期待させます。しかし、泡の役割は視覚的な効果だけではありません。

実はこの泡には、ビールを外気から遮断する役目があり、飲んでいるあいだの味の変化を防ぐ重要な役割をはたしているのです。長持ちする泡は、ビールという飲み物のいちばんわかりやすい特徴でもあります。シャンパンをはじめ、炭酸を含むお酒は他にもありますが、注いだときにできた泡が、ビールほど長持ちするお酒は他にありません。そのため、世界中のビール研究者は、長年にわたってこの泡について研究してきました。

ビールの泡には、その泡立ち、泡持ち、きめ細かさ、ジョッキへの付着性、見た目の質感（ねっとりとしているようす）といった、さまざまな要素が複雑に絡み合っています。いまだその全容が解明されたわけではありませんが、現代の科学の力でビールの泡についての理解が大きく進んでいます。

ビールの泡は、親水性成分を液側（外側）に、疎水性成分をガス側（内側）に配列させた膜が

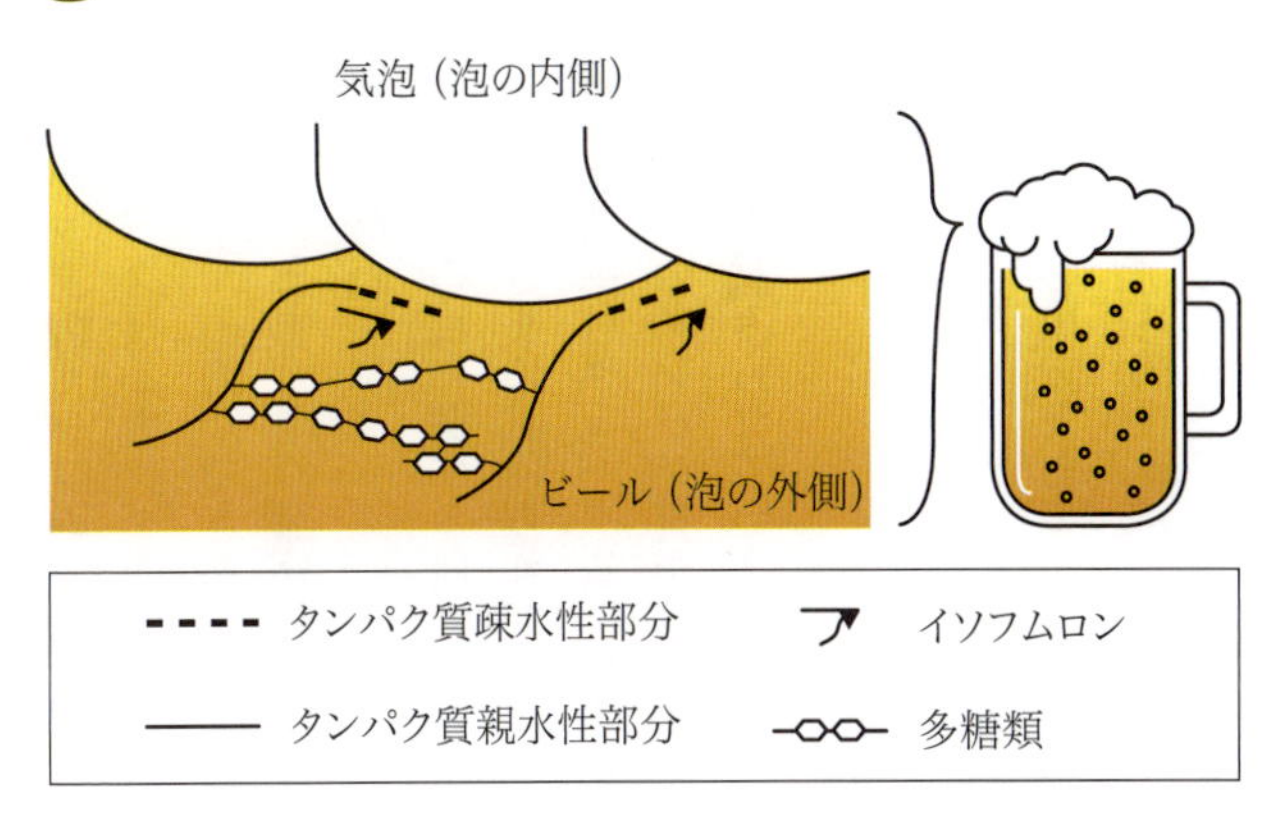

図4－1　泡界面のイソフムロンとタンパク質の結合

（日本醸造協会誌　第91巻（1996）1号　8-14を改変）

炭酸ガスを包み、洗剤のように界面活性を保った構造をしています。サイダーやシャンパンの泡とは異なり、長いあいだ泡が消えずに留まるのが特徴です。この泡の膜を形成するのに重要なのが、麦芽に由来するタンパク質と、ホップに由来する苦味成分であるイソフムロン（イソアルファ酸）です。

ビールが注がれたときにできた泡の中では、タンパク質の分子どうしの結合をイソフムロンが補強するような形で膜が形成され、親水性の部分を液側（外側）に、疎水性の部分をガス側（内側）に配列させた形で化学的に安定化します。それを多糖類の鎖がつなぎ合わせて泡の立体構造が物理的に安定化することにより、泡が消えにくくなっていると考えられています（図４－１）。

試しに、ホップを入れずにビールを造ってみると、泡は立つものの、すぐに消えてしまいます。逆に、ホップのイソフムロンだけを水に溶かして泡立ててみても、泡はまったく立ちません。麦芽のタンパク質とホップのイソフムロンがビールの中で出会うことで、私たちのよく知るしっかりしたビールの泡ができあがっているのです。泡には、ビール液中よりも多くのイソフムロンが集まっています。泡の部分を口に含むと、ビールの液そのものよりも苦味を強く感じますが、それはこのためです。

ビールの泡に関する研究では、泡の構造を安定化させる麦芽由来のタンパク質の特定が、これまでさまざまに試みられてきました。プロテインZとよばれるビール中に多く残存するタンパク質や脂質転移タンパク質、疎水性タンパク質など、いくつかの候補が挙げられていますが、おそらく複数のタンパク質が関与していると思われます。こうした情報をもとに、泡持ちのいい大麦の育種も試みられています。

泡の大敵

泡にとってマイナスの影響を及ぼす要因はいろいろありますが、その代表格は脂質です。

食用油の成分としてよく知られるリノール酸などの脂肪酸には、泡の構造を乱してしまう作用があり、脂質が触れるとビールの泡は長持ちしなくなります。脂っこいおつまみを食べながらビールを飲んでいて、気がついたら泡がなくなっていたという経験をした方も多いでしょう。こうなると、同じコップに注ぎ直しても泡はまったく立ちません。これは、口やコップに付着した脂質に原因があるのです。

泡を形成するタンパク質を分解するプロテアーゼ（タンパク質分解酵素）も、泡を台無しにする大きな要因です。熱処理をしていない生ビールの中には、酵母の細胞の中から漏れ出てきたプロテアーゼがわずかに存在しています。保存中のビールの中で、麦芽由来のタンパク質が少しずつ分解されて、泡持ちが徐々に悪くなっていく現象も知られています。プロテアーゼは、新鮮で活性の高い酵母からはほとんど漏れ出てこないので、ビール工場ではつねに〝活きのいい〟酵母を使うように、しっかりと管理を行っています。

プロテアーゼによるタンパク質の分解は、大麦を麦芽にする製麦工程や、麦芽から麦汁をつくる仕込工程でも起こります。大麦に貯蔵されていたタンパク質を、大麦のプロテアーゼでアミノ酸やペプチドに分解することは、酵母の栄養源（窒素源）の確保に必要ですが、分解が進みすぎれば泡持ちに有効なタンパク質まで分解してしまい、できあがるビールの泡持ちが悪くなります。

そのため、製麦工場やビール工場ではタンパク質が分解されすぎないように、また、発酵のために必要な酵母の栄養分も十分に供給できるように、条件を調整しています。大麦も酵母も、ともに生き物であり、それらの生命反応を利用してビールは造られているため、工程管理には細心

起泡を促す要因	
気温上昇	炭酸ガス溶存量減少
気圧低下	同上
振動	コロイド結合に刺激

泡持ちを悪くする要因	
グラス汚れ（油分）	泡構造破壊
容器開栓後の気抜け	炭酸ガス量減少
酵母の鮮度低下	泡持ちタンパク質を分解

図4－2　ビールの泡に影響を与える環境要因

の注意が要求されるのです。

温度や大気圧も泡に影響

ここまでは化学寄りの話が中心でしたが、物理面の影響も大きく、特に温度は重要です。

生ぬるいビールを注いだら泡だらけになったという経験は誰にでもあるでしょう。温度が高いほど炭酸ガスがビール中に溶け込める量が減るため、注いだ際の泡立ちが多くなるのが原因です。温度が高すぎれば泡ばかりになってしまいますし、逆に低すぎれば思ったように泡が立たなくなります。注ぐグラスの温度、また外気温などもビールの泡に影響します。

温度ほどではありませんが、大気圧も泡立ちに関係してきます。ビール工場では、品質管理のために専用の装置でビールの泡持ちを測定していますが、この測定値も工場の場所による標高の違いや日々の気圧の違いに多少の影響を

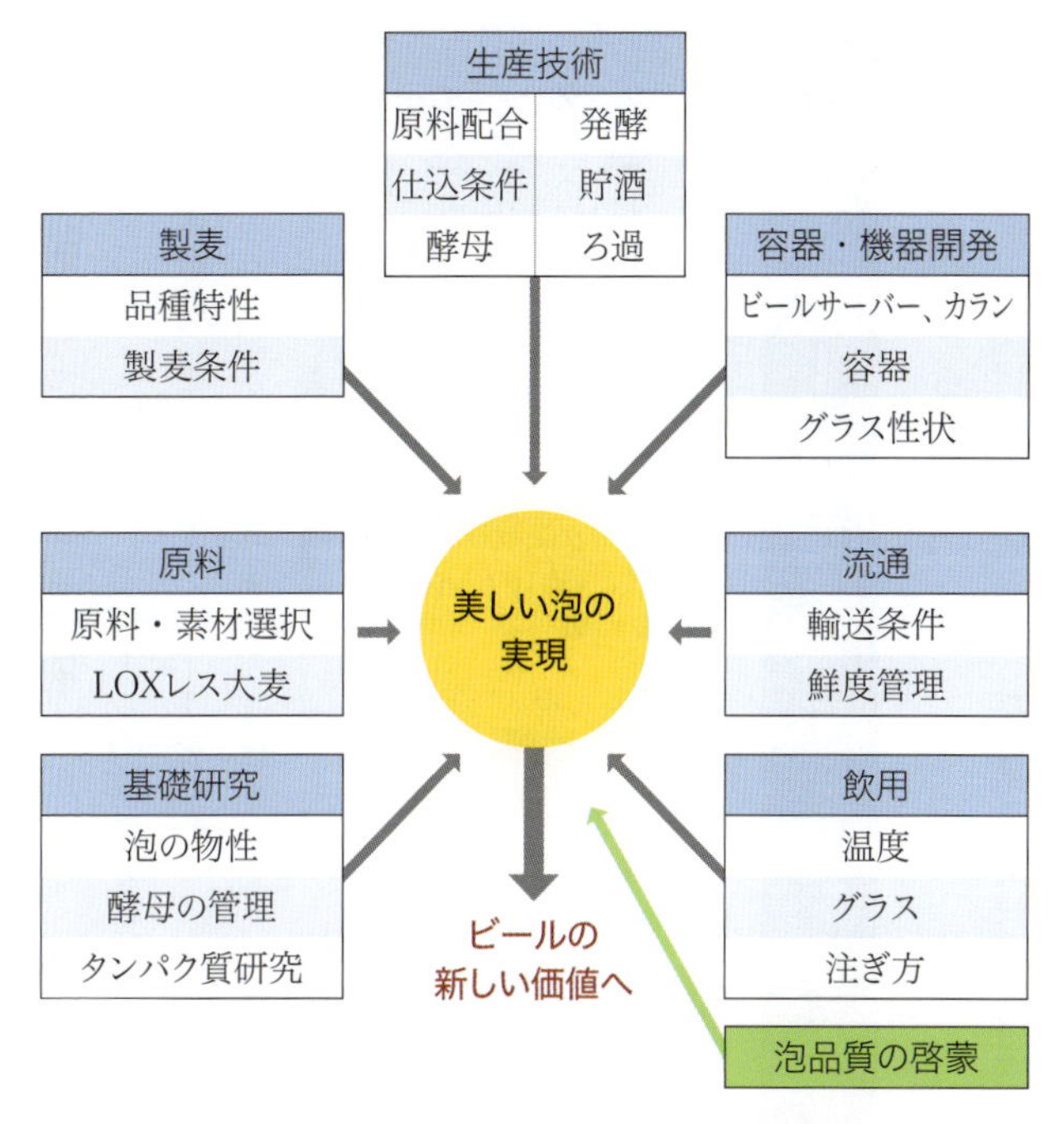

図４−３　泡品質向上への取り組み

受けることがわかっています。

気圧が高いところから低いところに向かって風が吹くのと同じ理由で、大気圧が低いとビールから炭酸ガスが出やすくなるため、泡立ちがよくなります。ひょっとしたら居酒屋や自宅でビールを飲む際にも、低気圧によって天気が悪い日には泡立ちがよいなど、泡の状態にいくらか違いがあるかもしれません（図４−２）。

ビールの泡をもっとよくするには

ここまでに見てきたように、ビールの泡は非常に奥深い化学や物理の原理・原則に支配されています。最終的によい泡持ちのビールを飲むことができるようにするためには、数々の課題を技術でクリアしておかねばなりません。

図4－3に示すように、泡持ちに関わる科学・技術は、基礎科学から原料、製麦技術、生産技術、容器・機器、流通、そして飲み方にまで及び、同時に、よい泡の意味を消費者に啓蒙することも重要です。泡がよいビールは「間違いのない工程できちんと造られている」ことの証明であり、あわせて注ぎ方やグラスの状態、温度等の「飲む条件もよい」ことも意味します。

グラスに注がれたビールの泡がよいということは、原料も造り方も、運び方も注ぎ方も、温度もグラスも飲み方も、すべてよいということなのです。かくも大事なビールの泡は、まさに「たかが泡、されど泡」なのです。

4-2 ビールの〝噴き〟対策

炭酸ガスがもたらす噴き

水とは違った、ビールを飲み干したときの爽快感は格別ですね。この爽快さは、ビールに含まれる炭酸による刺激と、さわやかなホップの味と香り成分がもたらすものです。ところが、ビールに振動を与えずに静置しておいたにもかかわらず、栓を抜いた瞬間に勢いよく噴きこぼれる現象があります。専門的には、この現象を「噴き」とよんでいます（図４－４）。

なぜこのような現象が起きるのでしょうか？　ビールはそもそも、物理的には不安定な状態の液体です。成分の微粒子が液中に分散したコロイドとよばれる状態になっているのですが、発酵中に酵母がつくり出した炭酸ガスが、このコロイド粒子に吸着された状態でビール液中に過飽和に溶け込んでいます（図４－５）。

図４－４　ビールの「噴き」現象

缶や瓶で密封されているあいだは、内圧で液体中にしっかりと閉じ込められていますが、容器を開けて圧力から解放された瞬間に、ビール液から空気中に逃げ出そうとします。ビール中のコロイドは不安定なので、衝撃などの刺激を加えると、もともと無理に吸着していた炭酸ガスを保持しきれなくなり、勢いよく解放された炭酸ガスが噴きの原因になります。昔はビールの泡立ちを良くするために、瓶ビールの王冠を栓抜きでコンコンと叩いてから抜く習慣があったようですが、これはかえって泡が勢いよく噴く原因になるので逆効果です。

図4－5　ビールのコロイド状態
物理的衝撃等で炭酸ガスが遊離し、発泡する

汚れやカビも噴きの原因

コロイドを不安定にする要因は、物理的な刺激だけではありません。昔から、原料の大麦が雨に当たるなどして表面が汚れていると〝噴き〟を起こしやすいことが経験的に知られていました。また、原料の麦芽についている赤カビなどがつくり出す物質をタンパク質分解酵素で処理したときに噴きがよく起こることから、カビ由来のある種のペプチドが噴きの原因になることもわかっていました。

最近の研究では、カビの菌糸や胞子の表面には、ハイドロフォビンとよばれるアミノ酸が100ほど連なってできた強い疎水性のタンパク質が存在することが判明しています。この強い疎水性の界面活性能が噴きを起こす〝泡の核〟になる可能性があり、その関連性を確認する研究も急がれています。カビに汚染されないように、大麦の栽培や、大麦や麦芽の保管に気をつけねばならないということです。

同じ炭酸を含む飲料でも、炭酸水や炭酸飲料では含有する炭酸ガスがビールに比べて速く空中に逃げ去るため、ビールのような泡はできません。ビール中の炭酸ガスは、コロイドとして安定化した状態で存在しているので、容器を開けてもしばらくのあいだは保持できています。この安定した状態のバランスが瞬間的に崩れることによって、噴きの現象が発生するのです。

4-3 ビールだって〝老化〟する――どう防ぐ？

「ビールの老化」はなぜ起こる？

ビールの新鮮な味を楽しむには、製造して間もない新しいビールを飲むに限ります。

そのためビールメーカー各社では、製造体制、出荷体制、流通プロセスの工夫によって、一日でも早く消費者に飲んでもらえるよう日々努力がなされています。そのうえで、店舗の棚や購入後の家庭での保存中におけるビールの味の変化を、少しでも遅らせることができないかという研究が永年積み重ねられてきました。できたてのビールの新鮮さが徐々に失われるという意味で、そのような変化をビールの〝老化〟または〝劣化〟とよんでいます。

ビールも他の食品と同様、保存中に品質が変化します。後述する日光による香味劣化とともに代表的なのが、酸化による特有の臭いで、段ボール紙のような臭いがすることから紙臭（カードボード臭）とよばれています。麦芽由来のリノール酸などの脂質が酸化してトランス－2－ノネナール（図4－6）という物質が生成され、これが紙のようなオフフレーバー（不快臭）を放つのです。

〝老化しにくいビール〟とは？

そうした臭い成分の一つがトランス－2－ノネナールであることはわかっていましたが、その生成に酵素が関与しているのかは不明でした。しかし、リポキシゲナーゼという酵素にとって特異的な阻害剤であるエイコサテトラエン酸をマイシェ（もろみ）に添加すると、リノール酸等の脂質の酸化反応が抑制されたことから、リポキシゲナーゼが脂質を酸化させている原因であることがわかったのです。

そうであれば、リポキシゲナーゼのない大麦でビールを醸造すれば〝老化しにくいビール〟を造ることができるはずです。図4－6に示すように、大麦のリポキシゲナーゼの一つであるリポキシゲナーゼ－1（LOX－1）は、麦芽由来の脂質酸化に直接、関わっています。2001

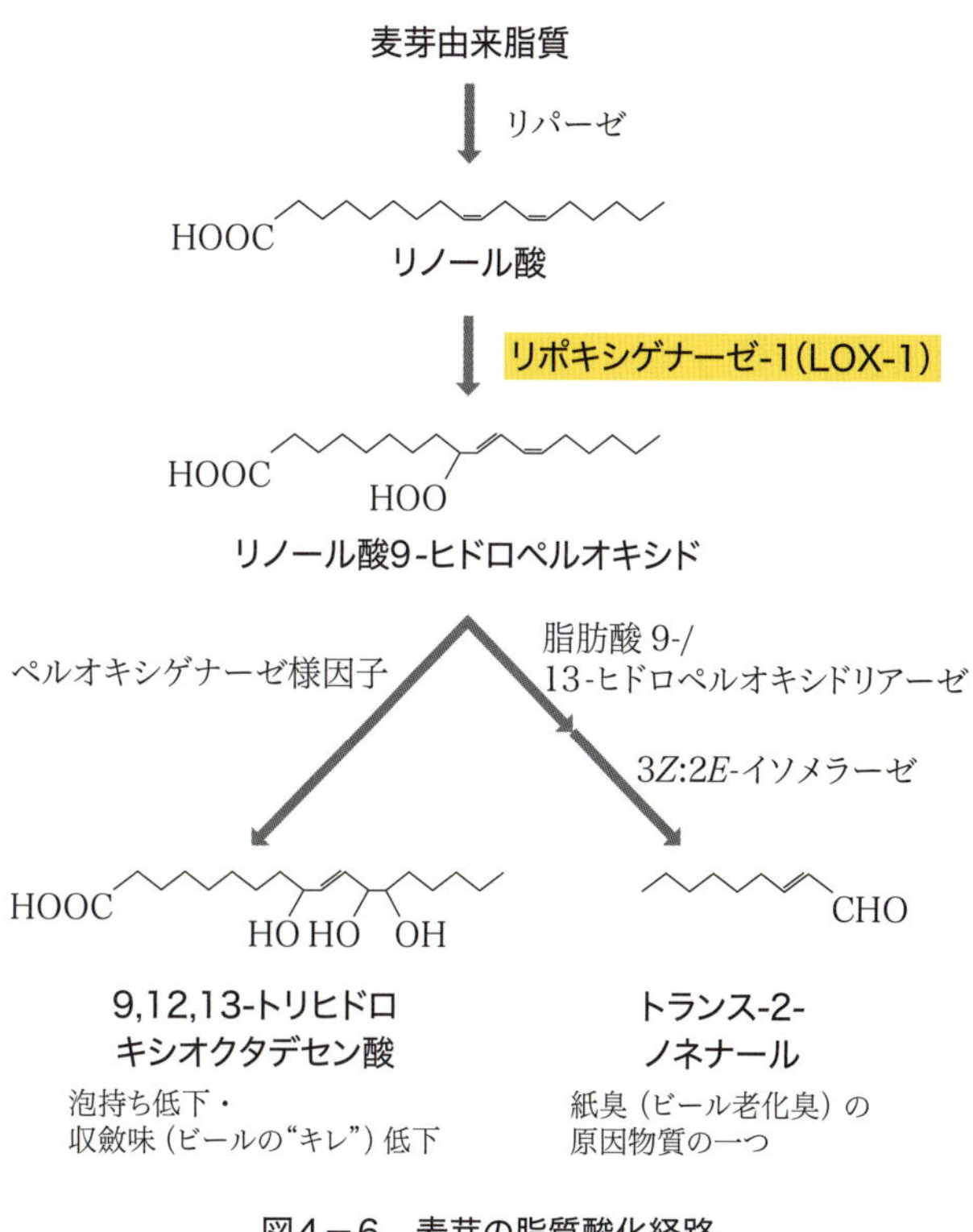

図４－６　麦芽の脂質酸化経路

年、リポキシゲナーゼ－1を欠失する大麦が発見され、この大麦の麦芽で試験的にビールを醸造したところ、ビールの老化が大幅に抑制されることが明らかになりました。

現在、その性質をDNAの型から確認するDNAマーカー育種によってリポキシゲナーゼ－1欠失ビール大麦（LOXレス大麦）が開発され、原料として使用する麦芽の一部、あるいはすべてをこのLOXレス大麦にした製品も造られています（127ページ図4－3参照）。

なお、このリポキシゲナーゼ－1の活性をなくすことで、ビールの泡持ちやビールのキレ味に悪影響を与える9、12、13－トリヒドロキシオクタデセン酸という物質の生成も同時に低下させることができ、ビールの見栄えや香味を向上させる効果を得ることも確認されています。

ビールの〝アンチエイジング〟

ビールの老化に関係しているのは、前述のリポキシゲナーゼ－1だけではありません。さまざまな物質が関連した複雑な化学・物理変化も影響していると考えられます。その一例として、ビール中にごく微量含まれる酸素分子が保存中に活性酸素へと変化し、それに伴ってラジカル類（化学反応性が高い原子や分子）が発生し、種々のビール成分（脂肪酸、イソフムロン、ポリフェノール、アルコール類など）に作用することが挙げられます。その結果、老化臭の原因物質を含むアルデヒドやケトン類の生成にいたっているのです。

このような老化を予防するには、ビールへの酸素の持ち込みをなくすか、発生したラジカルの不活化を行うことなどが手段として考えられます。酸素の持ち込みをなくすには、仕込からパッケージング段階にいたるまで、ビールの製造工程全般に徹底的に気を配る必要があります（こうした方法は一般的に「抗酸化製造法」などとよばれています）。

たとえば、仕込では釜や槽へのマイシェや麦汁の移送をタンク底から静かに行うことで空気の巻き込みを極力抑えたり、仕込や他の工程で使用する水は酸素を抜いた脱気水や空気が溶けていない温水を使ったりするなど、すべての工程で酸素の持ち込みの排除を徹底して行います。

一方、酸素によって発生するラジカル類に対しては、不活化させるためにラジカル類を捕捉する物質の力を借ります。ビール原料に含まれるポリフェノール類、煮沸工程で生成するメラノイジン類（褐変反応生成物）、また発酵の際に酵母がアミノ酸代謝の過程で生成する亜硫酸塩が、ラジカル類の捕捉物質となって酸化劣化反応の進行を防ぎます。

さらに、発酵中の酵母による還元作用で老化物質の前駆体が減少することで、老化物質の生成レベルは低減します。こうした「抗酸化物質」によって、ビールの〝アンチエイジング効果〟が期待されます。

このようなビールの老化に関する研究成果が、原料作物の育種や製造工程での種々の技術改善につながり、近年、特に日本のビール会社ではその鮮度の維持力が大きく向上しています。できるだけ製造直後の新しいビールを飲むに越したことはありませんが、近年の技術的な取り組みによって、少々の保存にも十分に耐えて鮮度が長続きするようになってきているのです。

4-4 「香り」と「臭い」をとらえる微量分析

香りの微量分析

現在の化学分析技術の発展には目覚ましいものがあります。かつてはビール中に存在する無数の物質を同定するために大量のビールを使って煩雑な精製・濃縮操作を行い、そうして得られたわずかな量の物質を使って分析をし、得られた分析結果についてもめんどうな構造解析を行うことが必要でした。

現在では、煩雑な前処理なしに香りの成分を分析する方法や、タンパク質を微量で分析できる機器などが開発されています。また、得られた分析結果もコンピュータ上のデータベースとの照合によって物質の構造を推定できるようになってきており、ビール中の微量な成分の特定が容易になりつつあります。

ビールの香りについても、好ましくない香りの低減や新しい香味のビールの開発といった目的のために、さまざまな物質レベルの研究が進んでいます。たとえば、チオールとよばれる硫黄系化合物はきわめて少ない量で独特の臭いを発することが知られており、長く研究対象になっていました。その臭いの弁別閾値（44ページ参照）はｐｐｔという単位で示されます。濃度の単位としてよく知られるｐｐｍは１００万分の１ですが、ｐｐｔは１兆分の１レベルの単位です。ｐｐｔのレベルに閾値がある物質がいかに少ない量で臭うものであるか、イメージしていただけるでしょうか？

「日光臭」の原因を特定

そのチオールの中でも、ビールを直射日光下に保存することで生成する「日光臭」の原因となる３－メチル－２－ブテン－１－チオールという物質については、古くから研究されてきました。いろいろなタイプのビールで日光臭の度合いが異なることから、原料のホップの影響が大きいと考えられてきましたが、１９６０年代にこのメカニズムが解明されました。

もともとの原因物質はホップの苦味成分であるイソフムロンであり、これが紫外線によって分解されてビール中に微量存在する硫化水素と反応することで生じるのが、３－メチル－２－ブテン－１－チオールです。この物質が、「かき餅」のようにツンとした、焦げたような独特の臭い（日光臭）の原因であることが明らかになったのです（図４－７）。

この物質もまた、ビール中における量が少ないことから分析は容易ではありませんでしたが、

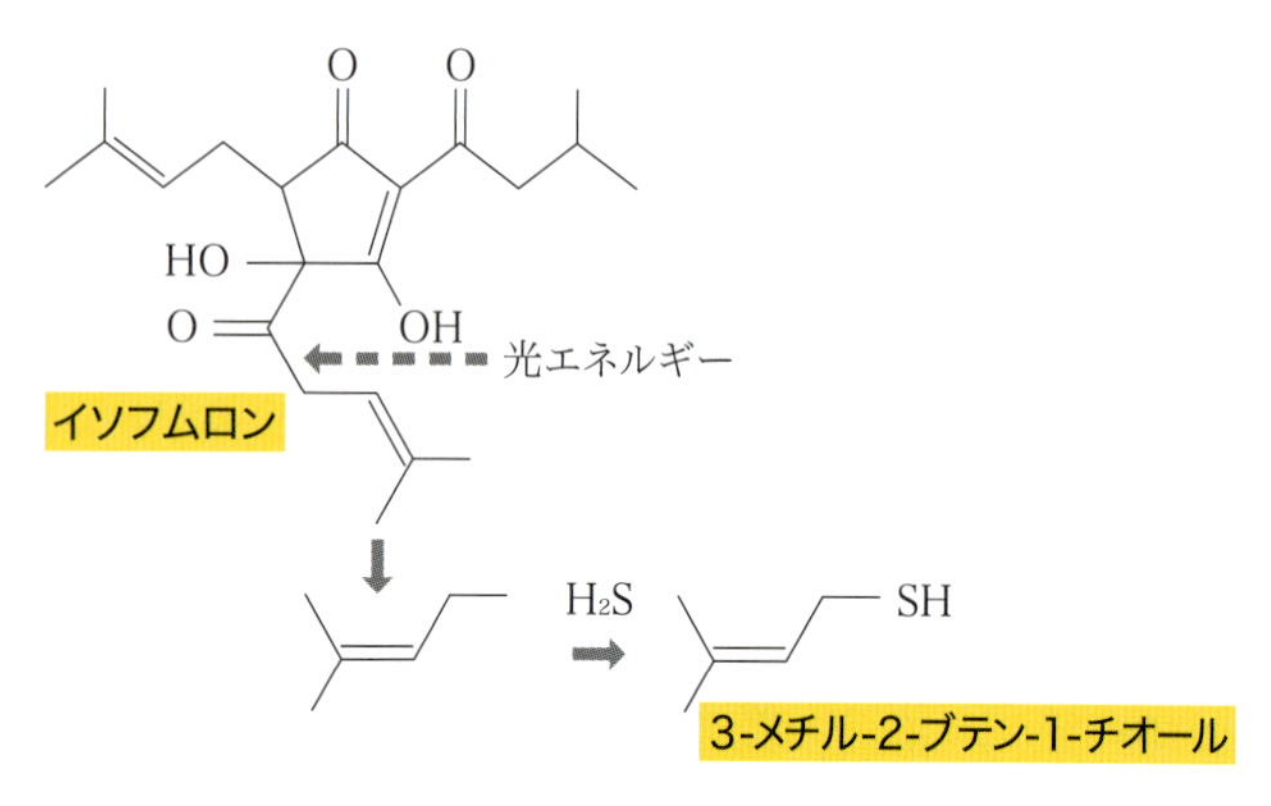

図4－7　日光臭の発生メカニズム

（日本醸造協会誌 第75巻（1980）6号 474）

香りを特異的に捕捉できる近年の分析手法や分析機器を用いることで、研究報告が増えてきました。それによれば、3－メチル－2－ブテン－1－チオールは、ビールの素となる麦汁にホップを入れて煮沸する工程や、酵母による発酵工程でも微量に生成していることがわかってきています。

ホップの香りを科学する

クラフトビールをはじめとする、さまざまに個性的なビールが楽しまれる時代です。

ビールの香味の特徴をつくり出すうえで、ホップの香りは大いに役立ちます。伝統的なアロマホップの特徴の爽やかなホップ香に加え、柑橘類やぶどう、セイヨウスグリなどを連想させるさまざまな香りが知られており、これら特徴的・個性的な香りをもつホップが近年、注目されています。米国やオセアニアを中心に、これらのホップは数多くの品種が世に出ていますが、なかには量的に少なく、希少価値の高いものも含まれます。

これらの特徴的・個性的な香り成分の中には、さまざまな花やフルーツに似た華やかな香りのものもあります。ホップにはスズラン様のリナロールやバラの香りのゲラニオールといった香り成分が含まれており、そのようなホップを使った発酵中には、酵母がゲラニオールをβ－シトロネロールに変えることで、柑橘系の香りができることなどがわかっています。

分析機器の進歩とあいまって、極微量の特徴的なホップの香りの物質同定の研究が大きく進んでいます。たとえば、ニュージーランドのネルソンソーヴィンというホップは、独特のフルーティーで白ワインのような香りをビールに与えることが知られています。このホップの香り成分をＧＣ－ＭＳ（ガスクロマトグラフィー質量解析装置）で構造解析したところ、３－メルカプト－４－メチルペンタン－１－オール（３Ｍ４ＭＰ）という新規物質とわかりました（図４－８）。

３Ｍ４ＭＰは、先に紹介した日光臭と同じチオール化合物に属する成分です。チオール化合物はきわめて少ない量で特徴的な臭いを呈しますが、日光臭のような嫌な臭いだけでなく、フルーティーな香りのするものもあるのです。

また、１９８０年代に日本で開発されたソラチエースという品種のホップは、ヒノキやレモングラスのような特徴的な香りを有していたのですが、当時はあまり普及しませんでした。ところ

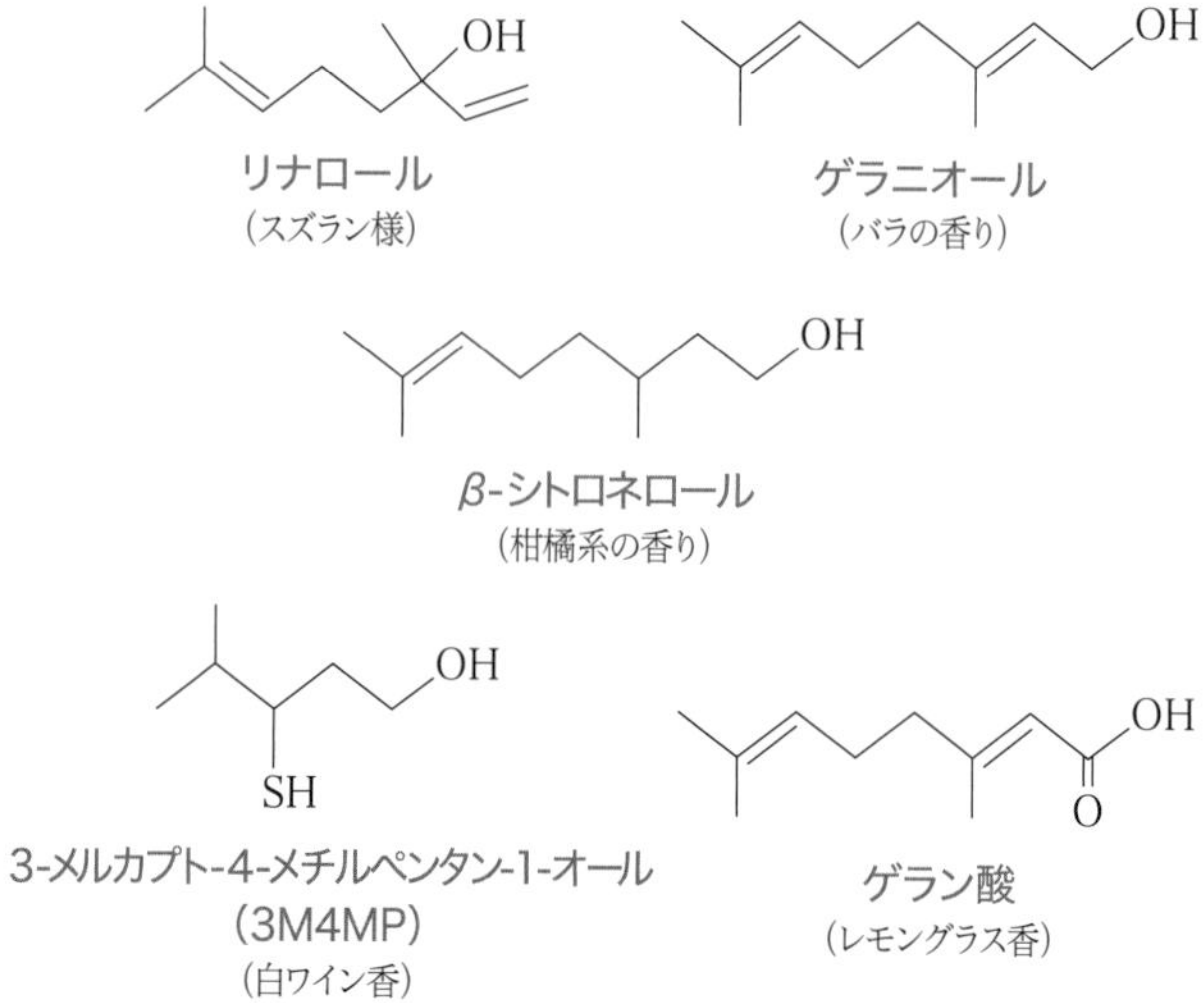
OH
リナロール
（スズラン様）
OH
ゲラニオール
（バラの香り）
OH
β-シトロネロール
（柑橘系の香り）
OH
SH
3-メルカプト-4-メチルペンタン-1-オール
（3M4MP）
（白ワイン香）
OH
O
ゲラン酸
（レモングラス香）

図4−8　ホップの特徴的・個性的な香気成分の例

が近年、その特徴的な香りが再評価され、オリジナリティを求める北米のクラフトビール業界では、北米産のソラチエースが大人気となっています。時代が品種に追いついたともいえます。

その香り成分を分析同定すると、レモングラスにも含まれるゲラン酸（図4−8参照）が他のホップ品種と比べて極端に多いこと、また、この成分が他のホップ香気成分と共存することによって特有のレモングラスのような香りが形成されていることなどがわかってきています。

かつて人間の嗅覚のみに頼っていた香りの性質が、微量成分の定量によって正確で再現性のある評価が可能となり、多面的なアプローチが試みられています。

column

人間の鼻と先端分析装置のコラボレーション

ビールの香りは、ホップや麦芽といった原料に由来するものや、加熱、発酵、熟成の製造工程によって生じるものなど、多数の成分から構成されており、用いるホップの品種、酵母の種類や発酵のさせ方によって、ビールにはさまざまな香りのバリエーションが生まれます。

この香りのもととなる物質を一つひとつ分離し、同定していくことで、特定の役割をはたす重要な香気成分を見つけ出し、ビールのおいしさの秘密を解明することができます。香り成分の同定には、ガスクロマトグラフィー（ＧＣ）で微量成分を単一の成分として正確に見つけ出し、それがどのような香りなのかを解明・再現する必要があります。

そこで、物質の正確な分離同定は最新の化学分析機器が担い、香りの特徴と強度は人間の鼻が嗅ぎ分ける「ＧＣオルファクトメーター」というハイブリッドな測定装置が活躍しています。この装置は、ガスクロマトグラフィーによって物質単位に香気成分を分離するとともに、それを同時に人間が嗅ぎ、香りの特徴と強度を判定するしくみです。

〝検出器〟となる〝人〟は、さまざまな香りの特徴と強度を正確に判別できるよく訓練されたエキスパートが担います。並行して質量分析装置（MS）等で香気成分の構造を決定し、人間が感じた香りの特徴と強度とのひもづけを行います。この装置は、ビールはもとより各種食品の香り成分の分析に広く用いられています。

4-5 大麦・ホップの育種開発

ビールに最適の大麦をつくる

いくつもの品種がある大麦の中で、「ビール大麦」は収量や栽培のしやすさ、耐病性はもとより、高いデンプン含量、高い糖化酵素力、適度なタンパク質含量といったビール製造に必要な性質が要求される特殊な作物です。デンプン含量は麦芽のエキス収得率に、糖化酵素力は仕込段階でのデンプンの糖化力に、タンパク質含量はビールの泡持ちや酵母の栄養源などに関係します。この作物の特性を最大限にビール造りに生かす製造工程技術の検討とともに、原料そのものの新たな品種開発も積極的に行われています。

育種では、保存されている「天然の遺伝資源」や「突然変異」でできたさまざまな性質を「交配」によって組み合わせ、優れた系統を選抜していきます。しかし、収量や生育期間などの栽培

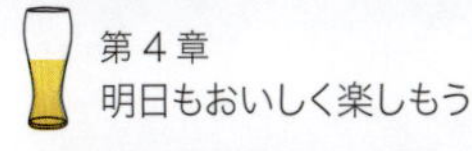

に関する性質は、実際に育ててみなければわかりませんし、種子の性質も実らせて手にするまではわかりません。さらに、ビールの製造に向いているかどうかは、ビールが造れるだけの量の種子を増やさなければ評価できません。とても人手と時間のかかる研究であり、品種改良の実用化には10年以上の開発期間を要するのも当たり前です。

たとえば、「はるな二条」という品種（図４－９）は、この品種が開発された１９７０年代としてはデンプン含量がずば抜けて多く、その品質は30年以上が経った現在でもトップレベルです。はるな二条の育種では、最初の交配から品種ができるまでに20年近くもの歳月がかかっています。

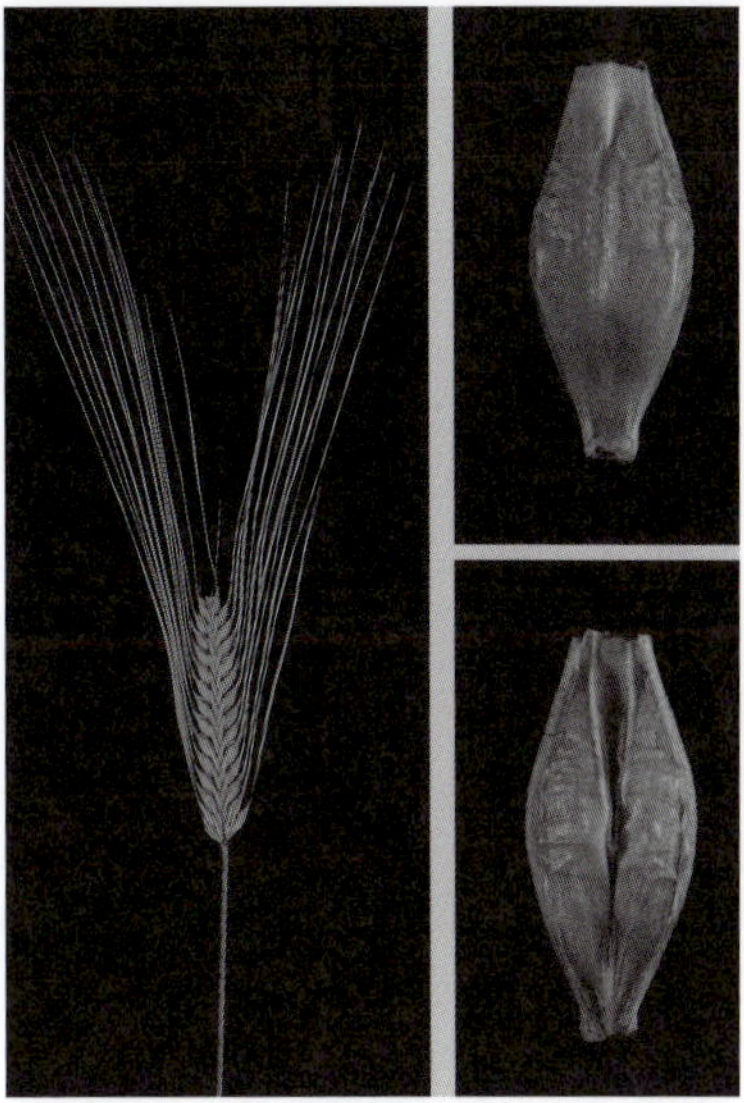

図4－9　はるな二条（穂および穀粒）

ポストゲノムで育種が変わる？

ＤＮＡそのものを研究対象とするゲノム研究に対し、「ポストゲノム研究」とは、遺伝子配列をもとに、その遺伝子産物であるＲＮＡやタンパク質、代謝物質などについて網羅的に研究する分野のことを指します。酵母や大麦のゲノム研究から、ポストゲノム研究の一つとしてプロテオミクスという手法（タンパク質の構造と機能を網羅的に研究する手法）が利用できるようになりました。

ビール中のタンパク質を例にとると、まずビール中のさまざまなタンパク質のアミノ酸配列を調べ、ゲノム配列情報データベースに照らし合わせることで、大麦のどの遺伝子由来であるかが同定できます。大麦由来のタンパク質はビールの泡に寄与しており、「どのタンパク質（群）を増やせばよい泡のビールが造れるか」が明らかになってくれれば、ビール大麦の選択や育種に大きく貢献します。

他の大麦よりビールにしたときの泡持ちが良い品種に着目して、その品種で造ったビールの中のタンパク質を解析することで、その大麦品種に特異的なタンパク質を見つけ出し、その量と泡持ちを比較することで効果を確認した例もあります。また、大麦由来のタンパク質の中にはポリフェノールと結びついてビールを濁らせる性質をもったものもありますが、濁りの原因となるような特定のタンパク質含量が少ない大麦を同様の手法で見つけ、それを使うことで、保存中のビールの混濁をなくすことが期待できます（図４－10）。

ホップに関しても、ゲノム研究の進展が見られています。植物のゲノム研究は当初、シロイヌナズナなどの実験植物で、続いてイネやムギなどの主要作物を中心に進められてきましたが、高

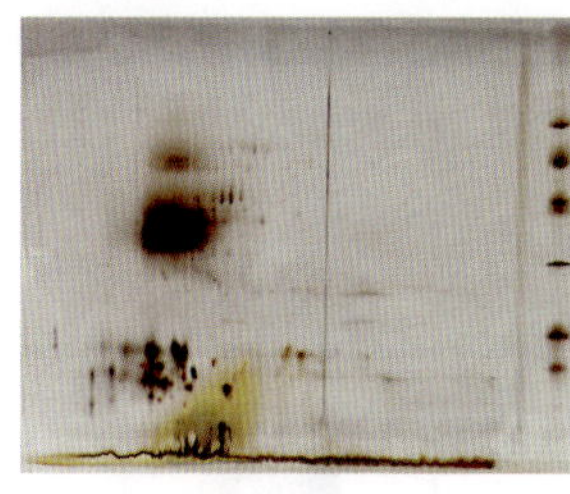

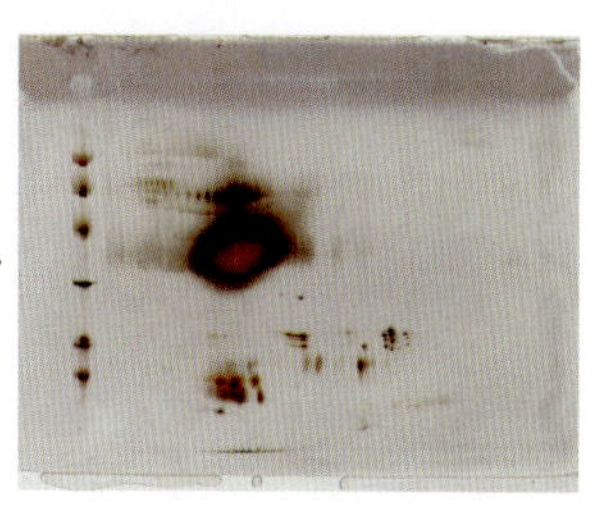

麦汁中のタンパク質　　ビール中のタンパク質

図４−１０　ビール中の重要タンパク質の探索

性質の異なるビールに含まれるタンパク質や、工程で変化するタンパク質を比較：品質の良いビールに特有なタンパク質や、工程で大きく変化するタンパク質は、ビールの品質上重要なタンパク質と考えられる

速で安価にゲノム配列を解読できるようになったことでさまざまな生物に研究が広がっています。ホップにおいても、２０１４年にゲノム配列解読や高密度連鎖地図が報告されました。

品種開発への利用には、前述の目的形質を狙った遺伝子のＤＮＡマーカー選抜からさらなる展開が期待できます。さまざまな性質の多数の個体について、ゲノム全体の構成を比較するいわゆるビッグデータ解析の手法によって、より多くの遺伝子についてより多くの形質に関する働きを推測することができるようになります。これによって、少ない交配回数（年限）で優良な遺伝子を集積させ、同時に悪い遺伝子を除く効率的な育種交配が可能になります。

また、ホップのような雌雄異株で雌株を利用する作物では、従来の手法では調べることが難しかった雄株の遺伝子の球果の性質に関与する働きを調べ、育種導入することも可能になります。ホップのゲノム育種の展開はこれからですが、どんな品種が生み出されるか楽しみです。

4-6 ビール酵母を極める先端技術

発酵タンク中でのビール酵母の〝浮き沈み〟

ビール酵母は前述のとおり、発酵後期に炭酸ガスを表面にまとい、酵母が液面に浮いてくる「上面発酵酵母」と、逆に酵母どうしが凝集して発酵タンクの底面に沈む「下面発酵酵母」に分けられます。

現在、世界のビールの大半を占めるピルスナータイプは下面発酵酵母によって造られますが、発酵終了後に酵母が発酵タンクの底に効率よく沈むことは、ビール製造に重要な意味をもちます。酵母がすみやかに沈んでくれることでビールと酵母を効率よく分離でき、その後のろ過工程に迅速に移行できるうえ、回収した酵母を次の発酵に効率よく利用できるからです（図4-11）。

おいしいビールを造るには、発酵の工程で活性の高い酵母を必要量確保して麦汁に添加する必要があり、もしその酵母量が少なかったり活性が高くなければ発酵が滞り、アルコールや香気成分の生成が不十分となって品質上の問題が生じます。また、発酵や貯酒中に浮遊酵母の数があま

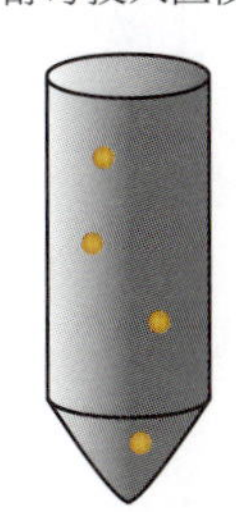

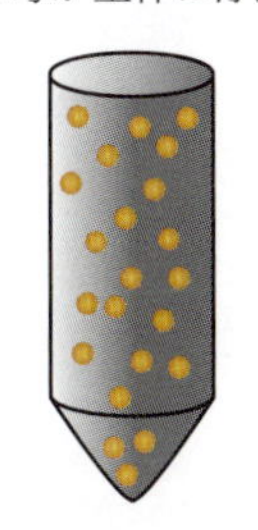

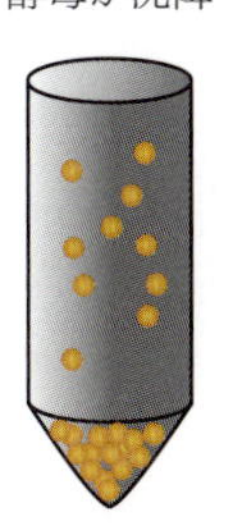

図４－11　下面発酵酵母の発酵時の挙動

りにも多いと、活性が落ちた酵母から老廃物がビール中に漏出して香味や泡持ちに悪影響を与えたり、続くろ過工程でろ過機の目詰まりを起こしてすみやかに酵母とビールを分離できなかったりと、さまざまな問題が生じます。

　酵母が塊となって沈むこの性質を「凝集性（フロキュレーション）」といい、酵母の系統によって異なる遺伝的な特性です。凝集性に関わる遺伝子の研究は１９５０年代から取り組まれており、いくつかの遺伝子の存在が推測されていたものの、従来の古典的遺伝学の手法による解析では十分に解明することはできませんでした。

　１９７０年代後半に開花した分子遺伝学的手法を用いることにより、これらの凝集性に関わる遺伝子が１９８０年代後半以降に単離（クローニング）され、酵母が凝集・沈降するメカニズムが判明しました。酵母細胞の表面にこの遺伝子によってレクチン様タンパク質が合成され、これと糖鎖の相互作用で酵母細胞どうしが接着し、凝集・沈降します。

ここで注目すべきことは、麦芽糖やブドウ糖の存在下では、酵母の凝集が阻害されることです。つまり、下面発酵酵母では、発酵初期には麦汁中の糖類である麦芽糖やブドウ糖（グルコース）が豊富にあり、細胞表面のレクチン様タンパク質はそれらの糖と相互作用することによって、酵母どうしが凝集することなく、酵母細胞はバラバラの状態で麦汁中の栄養分を取り込んで発酵が進みます。ところが、発酵が進んで麦汁中の麦芽糖やブドウ糖がなくなってくると、しだいに細胞表面の糖鎖がこのタンパク質と作用し、酵母どうしが凝集・沈降して、ビールと酵母が分離するというしくみです（図4－12）。

しかし、実際の工場での酵母の凝集性は不安定であり、凝集性をもつ酵母も発酵を繰り返すうちに徐々に凝集性を失っていくことがあります。これは、酵母の管理上、工場における長年の課題でした。分子生物学の手法が発展して遺伝子の変化が詳細に調べられるようになって初めて、この不安定性のメカニズムが解明されました。すなわち、凝集性遺伝子の特定の部分が、染色体の別の部分とひんぱんに置き換わったり脱落したりするというものです。

その結果、酵母の細胞表面にあるレクチン様タンパク質の機能が失われることになります。このように染色体がダイナミックに再構成されることは、今でこそ一般的に知られるようになりましたが、以前では考えられなかったことでした。

長年の課題であった工場現場での下面発酵酵母の凝集性の不安定性について、本質的な原因が

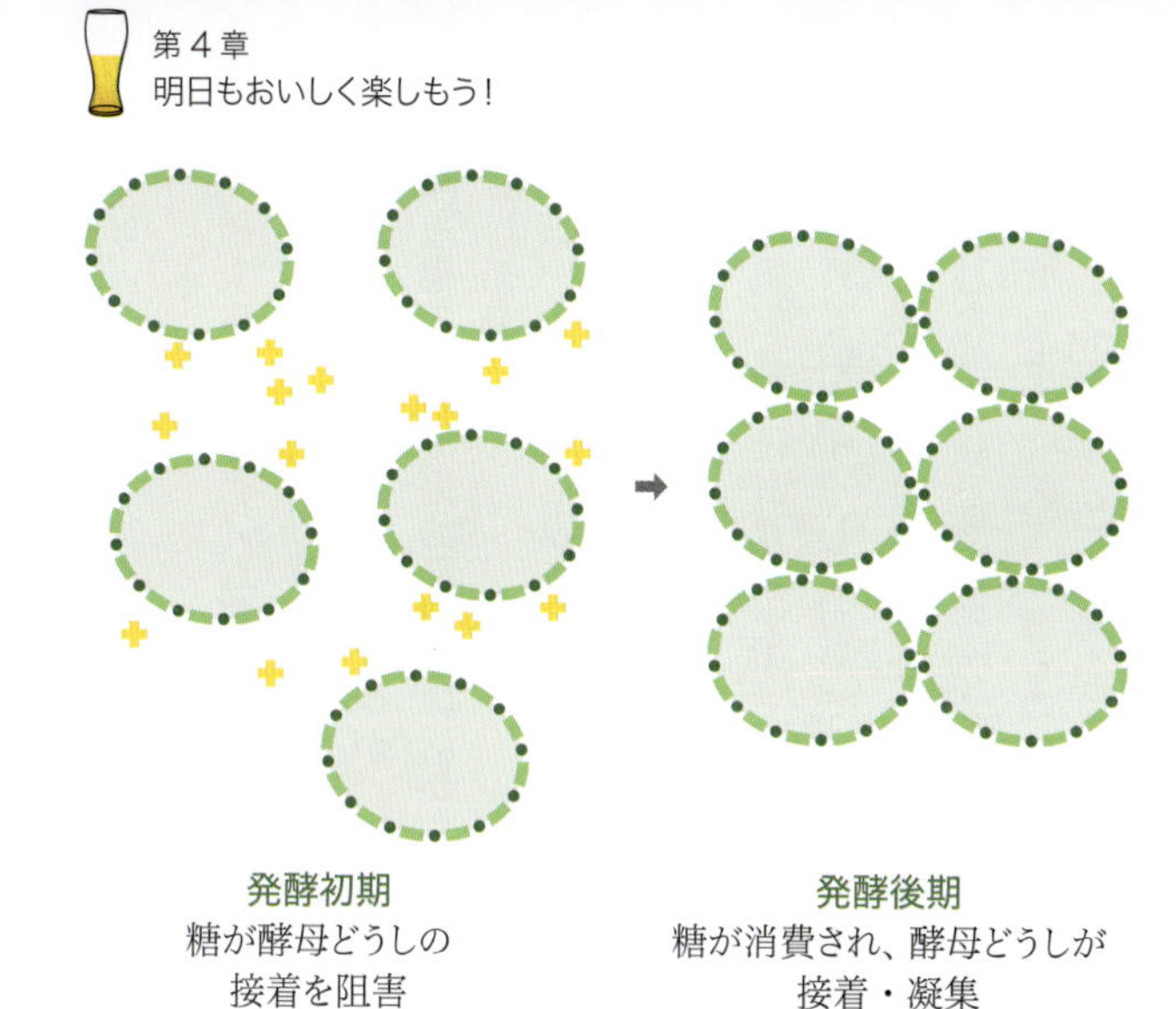

図4－12　酵母の凝集性モデル
（『生物工学ハンドブック（2005）』599-603を改変）

究明されたことで、現在では、健全な酵母の確保という観点から遺伝子診断などを行ったり、凝集性が変化した酵母の比率を確認したりするなど、酵母の凝集性を管理することが可能になっています。

また、凝集性を失うことに関しては、ビール酵母のていねいな取り扱い、培養世代を重ねすぎないこと、栄養条件や温度・酸素などを適切に保つこと、種々のストレスの少ない状態で酵母を扱うことなど、つねに活性の高い状態に酵母を維持してビール造りに備えることの必要性が科学的に立証され、醸造技術の重要な一角をなす酵母管理技術として確立しています。

ビール酵母のゲノムを解読する

すべての遺伝子DNAを解読するゲノム研究プロジェクトは、1990年代から21世紀に入ってしばらく世を席巻しましたが、現在では、解読した遺伝子配列データをいかに医療や農業、食品産業などの実用的な利用に活かしていくかに重点を置いたポストゲノム研究の時代に移りつつあります。

ヒトの全ゲノム配列の解読が宣言されたのは2003年ですが、これに先立つこと7年前の1996年に、実験室酵母（S288C株）*Saccharomyces cerevisiae* について全ゲノム解析が報告されました。これは核、染色体をもつ真核生物における初めての全塩基配列の解読でした。酵母は微生物ではありますが、基本的な細胞の構造はヒトと同じで、実験生物としても重要な地位を占めています。したがって、酵母の全塩基配列の解読は科学上の大きな意味がありました。

その後、2009年になって、下面発酵酵母である *S. pastorianus* のゲノム配列解読が報告されました。実験室酵母のゲノム配列解読に13年も後れ（おく）を取ったのは、実験室酵母が1倍体（ゲノムのセットが一組）であるのに対し、下面発酵酵母のゲノムの倍数性は一般的に高く（3〜4倍体相当という）、そのぶん全塩基配列の解読には困難が伴ったからです。

下面発酵酵母のゲノムを、実験室酵母や、より多くの酵母近縁種のゲノム配列と比較することで、15〜16世紀頃に使われ始めたという歴史的には新しい下面発酵酵母の祖先や由来について研究が進められました。下面発酵酵母は、上面発酵酵母の *S. cerevisiae* と別種の酵母のハイブリッドと考えられ、その〝別種の酵母〟としてさまざまな候補が挙げられ、議論が重ねられてきましたが、２０１１年に、下面発酵酵母 *S. pastorianus* は上面発酵酵母 *S. cerevisiae* と南米パタゴニア地方の林の中から見つかった *S. eubayanus* とのハイブリッドであるとする説が登場しました。

大航海時代かシルクロードか

それ以前は、下面発酵酵母は、上面発酵酵母 *S. cerevisiae* と低温発酵性の *S. bayanus* とのハイブリッドではないかと考えられていましたが、*S. eubayanus* のほうがＤＮＡ配列上、よりマッチしたということです。ではどうして、欧州で使われ始めた下面発酵酵母の片方の由来が南米なのでしょうか？

仮説としては、南米パタゴニア地方由来の酵母が中世の大航海時代に欧州に渡り（大西洋を横断する貿易が開始された際に木材等に紛れた）、醸造所の中で欧州の上面発酵酵母とハイブリッド化したと考えられました。発酵性がよく、また低温発酵性も高いので、結果として下面発酵醸造の条件下で優先的に選抜されてきたという説明です。下面発酵酵母の醸造環境下での生成と選抜は、微生物の人為的環境下における順応や飼育であり、ドメスティケーション（家畜化）という視点から興味がもたれます。

ところが、２０１４年に中国の研究グループが、下面発酵酵母の発見は15世紀のバイエルン地方であり、16世紀にはじまる大航海時代とは「時間的ズレ」があるとする反論を展開しました。彼らは、むしろチベット由来の *S. eubayanus* のほうがDNA配列的にもよりマッチすると主張しています。下面発酵酵母の片親が *S. eubayanus* であるという点では一致していますが、その由来が南米かシルクロードか、両説のあいだでまだ決着はついていませんし、今後新たな説が現れるかもしれません。

上面発酵酵母に関しても、昨今のゲノム解読技術によって、株間で一塩基多型（SNP（スニップ））が下面発酵酵母より多くあることがわかり、これが上面発酵酵母の香味が非常に多様で特徴のあるものが多い理由を示唆していると考えられます。

遺伝子情報を商品開発に

生物は、それを構成する分子から見ると、DNA、RNA、タンパク質、糖質、脂質など、多様な分子から構成されます。なかでもタンパク質は、酵素としてさまざまな反応を触媒するなど、細胞内のほとんどの活動において中心的な役割をはたしており、多数のタンパク質が生体の

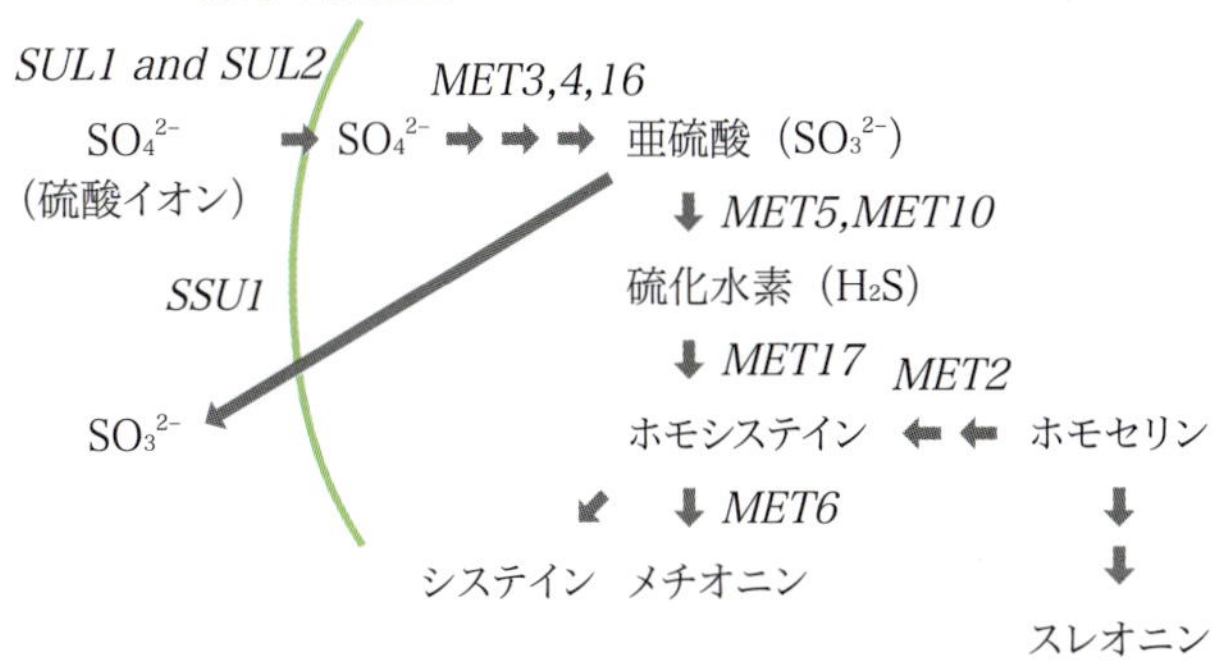

図４－１３　酵母の硫黄系物質の生合成経路

中でどのように相互に関係しているかを調べる研究が行われています。

ビール酵母の研究では、発酵の効率化に役立つだけでなく、酵母が醸し出す味と香りの生合成経路を解明することによって、ビール酵母のポテンシャルをより引き上げることができます。

ゲノム解読から得られた情報に基づく遺伝子の比較や構造解析によって、たとえば、硫黄系物質の代謝・生合成や凝集性に関する遺伝子の働きが明らかになりつつあります。これまでに下面発酵ビールの香味に不純な影響を与える硫黄系化合物について、その生成する代謝系が明らかになっていますが（図４－13）、代謝産物のメチオニンによってこれらの遺伝子が制御されることが、遺伝子発現の研究から確認されています。メチオニンやシステインなどの含硫アミノ酸の代謝には悪影響を与えずに、不純な硫黄系化合物の生成が抑えられる酵母の選抜などに、今後これらの知見が役立つことでしょう。

将来、未解明な酵母の能力を引き出し、ビールにまったく新しい香味を与える酵母の開発などが行われることにより、新たな形での新商品開発も可能になるかもしれません。ポストゲノム時代は、医学・医療関係者だけでなく、醸造技術者にとっても夢を実現できるチャンスをもたらすでしょう。

第5章

人類とビールの5000年史

——人はどのようにビールを造り、飲んできたか

5-1 ビールの誕生――人はビールとどう出会ったか

人類とお酒のファーストコンタクト

人類はいつ、お酒に出会ったのでしょうか？　あるいはいつ、造り始めたのでしょうか？

この答えは推測するしかありませんが、有史（文字で記録された歴史）以前の、おそらくは旧石器時代（紀元前1万年より前）ではないかと推測されています。農耕以前の、狩猟が中心だった生活では、自然界に存在する果汁や蜂蜜といった、ブドウ糖や果糖などの糖類を含有するものに空気中の酵母が混入して発酵し、アルコール含有物＝お酒が偶発的にできたのではないかと考えられます。

人類は、この偶然に見出したお酒を、やがて意識的に造るようになり、生活の中で大いに楽しんできたのではないかと思われます。当時のお酒は決して、現代のように洗練されたものではなかったでしょう。それでも、発酵することでアルコールが生成した液体を口にすることで、今でいう〝ほろ酔い加減〟となっていい気持ちになれたでしょう。また、味や香りも、果汁や蜂蜜そのものよりもぐっと風味が増し、要するに「おいしい」と感じられたに違いありません。

しかし、この段階ではまだ、本書の主役であるビールは発見されていません。どうして断言できるのかって？

なぜなら、前章までに詳しく見てきたようにビールは「麦のお酒」であり、当時はまだ、肝腎の麦の栽培が行われていなかったからです。ビールという愛すべきお酒は、農耕が開始されたのちに登場したと考えるのが妥当でしょう。

本章では、ビールの誕生に始まって現代にいたるまで、人類との長い付き合いに焦点を当てることにします。

古代ビールの正体

氷河期が終わり、新石器時代（紀元前8000年以降とされる）になると、人類は農耕生活を始めました。初期に栽培されたのはさまざまな植物でしたが、やがて収穫量の多い麦が主体になったと思われます。当時は、麦を粉にしたものを水でこねあわせ、それを焼いてパンにして食べていたと考えられています。そのパンの風味を良くするために、発芽した大麦（麦のもやし）を用いていたらしく、この麦芽パンをちぎって水に漬け、自然発酵させたもの、すなわち「麦から造ったどぶろく」のような液体が、古代ビールの実体だったと推測されています。

重視すべきは、果汁や蜂蜜はブドウ糖やショ糖などの糖類を含んでいるため、そのまま酵母で発酵してアルコールを造ることができますが、麦そのものはいわゆる「デンプン」であり、通常の酵母では発酵できないことです。発芽することで麦の「酵素」が働き、デンプンが分解されて麦芽糖やブドウ糖などの糖類になって初めて、酵母による発酵が進むようになります。

収穫した麦を保存しているうちに、雨に濡れるなどして偶然に麦が発芽し（それは「麦のもやし」であり、「麦芽」に近い）、この麦芽に出会ったことによって、のちにビールとよばれることになる「麦のお酒」ができたのではないかと推測されます。

最初のビール造りは古代バビロニア

では、初めてビール造りに取り組んだのはどのような人たちだったのでしょうか？

歴史上、最も古いビール造りの記録は、現在のイラク北部にあたるチグリス、ユーフラテス両河の沿岸域で、古代バビロニアのシュメール人が遺した紀元前3000年頃の粘土板に楔形文字（くさびがた）による記録として残っており、当時のビール造りのようすを窺い（うかが）知ることができます。その概要は、次のとおりです。

❶原料の麦を発芽させて「麦のもやし」をつくり、それを乾燥した後に粉にする。
❷できた粉を練ってパンを焼く（ビール・ブレッドとよびます）。
❸できたパンを砕き、熱水を加えて混ぜ合わせ、固形物をふるいでこして取り除く。
❹上澄みを壺に入れ、その液体に自然発酵を行わせ、ビールができあがる。

図5－1　麦わらをストローのように使ってビールを飲む古代バビロニアの人々

これを現代の知識にあてはめてみると、①の「もやし」づくりの過程では、麦のデンプンを麦芽糖やブドウ糖などの糖類に分解する麦の酵素を生成させ、②で原料の保存性を高めたり、焼き方の程度を変えたりすることによって、淡色あるいはより風味の強い濃色のビールができ、③の工程で麦のデンプンが酵素によって糖類に分解され、「もろみ」から大麦の穀皮やデンプンなどの沈殿物を分離して上澄み液（麦汁）を得て、④で酵母が麦汁の糖類を発酵させてアルコールが生成すると説明することができ、基本的には現代のビール造りと同じ工程を踏んでいます。

また、③の工程では、肉桂（ニッキ）の他、種々の香りの強い芳香性植物や薬用植物を添加したといわれており（当時、ホップはまだ使われていなかった）、色の濃淡、濃度の強弱、風味のバリエーション、原料配合のいかんによって、すでに19種類ものビールが醸造されていたといわれています。できたビールは無ろ過で濁っており、麦わらをストローのように使って吸飲していました（図5－1）。

当時の人々はもちろん、お酒やビールができる科学的な原理・プロセスを詳しくは知らなかったわけですが、基本的な技術はすでに確立しており、その醸造技術のレベルの高さには驚かされます。酒造りの原理が科学的に明確に理解されるのは、その後なんと19世紀も半ばになってからのことです。ビールと人類の長い付き合いの歴史から見れば、ビール造りに科学のメスが入ったのは、つい最近のことなのです。

古代エジプトのビールは洗練された味

古代バビロニアからやや遅れて、紀元前2000年頃からは古代エジプトにおいてもビール醸造の記録がほぼ完全に壁画や人形によって残されており、当時の醸造方法は古くから詳細に知られています（図5－2）。

古代エジプトにおけるビール造りは、種々の根拠からシュメールやバビロニアからの移入であったと推論されています。通説では、ビール・ブレッドを用いる古代バビロニアとほぼ同様の技術でビールを醸造したと考えられてきました。しかし近年、古代エジプトにおけるビールの製造

図5－2　古代エジプトでのビール造りのようす
第18王朝期（紀元前15世紀頃）のレリーフに残された記録より。
（写真提供：アフロ）

技術に関して、サワーパン生地（乳酸発酵のパン）やナツメヤシ（デーツ）の発酵液を用いて酵母の純粋培養に近い操作を行っていたとする新説が出されました。微生物の知識がない時代に、かなり高度な酵母管理技術を駆使していたという興味深い仮説です。

また、古代エジプト人は特にビールの清澄化に苦心したようで、清澄材として赤色粘土の粉末を使用していました。このことは、洗練された味づくりという観点からきわめて興味深いことです。清澄化することで澱が取り除かれ、液体としての飲みやすさが向上する点に力点が置かれていたのかもしれませんが、香味の点でもすっきりした洗練されたものであったと推察されます。

ビールのバリエーションも多く、発酵後すぐに飲むビールだけでなく、特別な壺に入れて長期熟成させたビール、弱アルコールや強アルコールのビールなどもあったといいます。その他、古代バビロニアのビールと同様、種々の香りづけのハーブやスパイスが添加されていたようで、ナツメヤシや蜂蜜、ベニバナ、ルピナスなどを使うことで香味の変化やアクセントがつけられていました。風味も格段に多様化し、人々の嗜好を満たしていたことでしょう。

古代エジプトでは巨大なピラミッドが建造されたことが有名ですが、炎天下で巨石を運ぶのはたいへんな重労働でした。ビールはまさに喉の渇きや疲れを癒やし、栄養補給や疲労回復のための「栄養ドリンク」の役割をもはたしていたと考えられています。精密にろ過されていない当時のビールは、麦や酵母の成分そのものを多く含み、透明な現代のビールに比べて滋養に富んだ、まさしく「液体のパン」であったといえます。

古代バビロニアや古代エジプト時代の人々とビールとの関係は、現代人よりもはるかに深いものでした。日々の糧（かて）としてのみならず、通貨や給料の役割もはたし、寺院への供え物としても使われていたのです。ビールという穀物飲料が、これほど生活に密着した時代は他にないのではないでしょうか。

ゲルマン人とビール

現代におけるビールの本場といえば、まずドイツの名前が挙がるでしょう。ヨーロッパにおけるビールの歴史はどうなっているのでしょうか。

古代ゲルマン民族は、紀元前5000年頃には今でいうスウェーデン南部やデンマーク、北ドイツに定住し、その後、西ゲルマン人が現在のドイツに移り住むようになりました。狩猟とともに穀物の栽培も始まり、隣接するガリア（現在のフランス）からビール醸造技術が伝わったといわれています。一方ガリアでは、ぶどう栽培が盛んになり、ワインの国になっていきます。

ローマ帝国の外縁に住んでいたとされる古代ゲルマン人がビールを醸造して飲んでいたことは、1世紀の古代ローマの有名な歴史家・タキトゥスの著書『ゲルマニア』に記述があり、「飲料には大麦または小麦より造られ、いくらかぶどう酒に似て品位の下がる液がある」と、酷評されています。

ゲルマン人ものちにローマ化されますが、ワインが伝わった後もビール文化は廃れることなく発展しました。フランク王国（現在のフランス・北イタリア・西ドイツなどを領した中世の王国）のカール大帝（在位768～814年）もビールの愛飲家として知られ、遠征時にもビール醸造技術者を同行させたといわれています。

図5－3　ザンクト・ガレン修道院

早くも9世紀には、かなりの規模の醸造を行っていたという。

（写真提供：アフロ）

「カール大帝は、紀元800年には西ローマ皇帝に即位しますが、食物文化史として見れば、中世は地中海のワインとオリーブの文化が、北のビールとバターの文化に圧倒された」時代であったと喩える人もいます（『ビールうんちく読本』濱口和夫著）。

ゲルマン社会では、ビールは各家庭ごとに主婦が造っていたといわれています。やがて集団生活が営まれるにいたって、その支配者や宗家がビールを造り、ビールの醸造権や販売権が発生・確立していきました。カール大帝の時代には、ビール醸造は主として王侯や寺院によって行われ、修道院醸造所の発達を見ることとなりました。中世の修道院醸造所は、ドイツビールの発展に偉大な功績を残しましたが、現在の北スイス・ボーデン湖の南にあったザンクト・ガレン修道院は特に有名で、すでに9世紀には相当の規模で醸造が行われていたようです（図5－3）。

13世紀頃になると、修道院の特権だったビール醸造は市民にも許されるようになり、やがて都市の発展とともに、各地に都市による商業的な醸造所の設立を見るにいたりました。これら醸造所から納められる税金も、都市の大きな財源となっていったのです。

このように、ビールの産業的な大発展がドイツでなされたことから、ドイツがいつしかビールの本場になったのではないかと推察します。

5-2 醸造技術はどのように進化したか

ホップの登場と「ビール純粋令」

現代のビールでは、ホップはビールの苦味や爽快感を形成するうえで欠かせない存在ですが、５０００年ともいわれるビールの歴史において、ホップが使用された確実な記録が残っているのは１０７９年といわれており、そう古いことではありません。ただし、フランク王国のピピン王の時代にあたる７６８年に、ホップ園に関する最初の記録が現れ、その後にドイツ各地でホップ栽培が盛んに行われた事実があることから、ドイツにおけるホップの一般的な使用が始まったのは8世紀から9世紀初め頃と推定されます。

古代バビロニア時代から、ビールには各種の芳香性植物や薬用植物が使われており、中世ドイツでもこれらの植物は盛んに用いられました。当時、領主はグルート（ハーブとスパイスを混合したもの）の調合を秘密にし、「グルート権」という現在の特許制度のような権利を設けて重税を課したといわれています。使われた薬用植物の中には、強度の酔いが早く回るような向精神性の薬草（マンダラゲ、ヒヨス、ベラドンナ）など、危険なものも含まれていたようです。

8世紀頃から始まったとされるホップの栽培ですが、14世紀にボヘミア（現在のチェコ）のカール4世が一般農民にホップの栽培を許して普及させ、16世紀にはドイツでのホップ栽培はビール事業の繁栄とともに盛んになりました。グルートとホップの長い共存期間を経て、ホップがもつ爽快な苦味や、ビール醸造時の雑菌繁殖を防ぐ力、そして麦汁の清澄化作用による混濁防止効果（保存性）、さらには人体への安全性などが徐々に高く評価されていきます。

1516年にバイエルン（ドイツ南部）の王であったウィルヘルム4世によって出され、現在もドイツで守られている有名な法律に「ビール純粋令」があります。それは「ビールは、大麦とホップ、および水だけを使って醸造せよ」というものであり、それ以降、完全にグルートは駆逐されました。

この純粋令は、世界初の食品・飲料にまつわる法律といわれており、品質を守るために画期的な法令であると評価できます。歴史的な背景もありますが、このような品質に対する強いこだわりも「ドイツがビールの本場」といわしめるゆえんでしょう。

ちなみに、小麦が純粋令に入っていないのは、パンなどの食料としての用途への影響を考慮したためといわれています。また、宮廷醸造所などでは例外的に小麦も使用されましたが（ヴァイツェンビール）、その理由は独占販売権を守るためだったともいわれています。

２０１６年には、ビール純粋令発布から５００年の節目を迎えたわけですが、この間の数々の技術革新を経てもなお、ビールは麦とホップのお酒であるという根本原則として純粋令の精神が生き続けていることは、驚嘆に値します。マルチン・ルターの宗教改革が１５１７年のことですので、５００年を越える歴史の重みがよりいっそう実感されます。

現在では、ドイツの中でも特にミュンヘンを中心とする南部のバイエルン地方がビールの本場というイメージがあります。しかし、12世紀から13世紀にかけて都市が発達し、13世紀から14世紀にかけてビール製造が都市の主要産業となっていく過程では、中・北部ドイツがビール事業で繁栄しました。北部ドイツの港湾都市ハンブルクでは当時、最大の輸出品がビールであったといいます。また、北部ドイツのアインベックは品質のよいビールで有名で、ブレーメン、ハンブルク、リューベックなどの北部ドイツやミュンヘンにも輸送されていました。

このような状況にあって、実はバイエルン地方のビールは中・北部のビールの品質の後塵を拝していたのですが、16世紀のビール純粋令を契機に、南のバイエルンのビールの品質が大きく向上したといわれています。

「下面発酵ビール」現る――ビールの歴史を変えた立役者

麦やホップの使用に続く、次に大きな技術革新は酵母で起こりました。

古代バビロニアやエジプトにおける発酵は自然発酵で行われ、必要な酵母は空気や環境由来だったようですが、先に紹介した新説によれば、すでに古代エジプトでは酵母の純粋培養的な技術も行われていました。また、ビール発酵後の甕（かめ）の澱（残渣（ざんさ））を次の発酵に用いると、発酵が健全に進むといった技術的なことも行われていたようです。

中世においても残渣の利用は経験的に行われていましたが、15世紀後半頃からドイツのバイエルン地方では、低温で発酵させるビールが造られるようになりました。気温の低い時期に醸造するため変質や腐敗などの失敗が少なく、品質が安定し、香味もおだやかで風味がよかったことから、しだいにドイツ国内はもとより、国外の他の地域にまで広がっていきます。

実は、この低温発酵時に用いられる酵母は、当時の新型の酵母である「下面発酵酵母」であり、それまでずっと用いられてきた酵母は「上面発酵酵母」でした。とはいえ、当時の醸造技術者が下面発酵酵母と知って使用したわけではなく、今までとは違う低温発酵の造り方で爽快ですっきりしたビールができることに気づき、そこで用いられる酵母が従来とは異なる酵母だったのではないかと推測されています。

第3、4章で詳しく説明したとおり、発酵終了後の酵母の挙動の違いによって、ビール酵母には大きく分けて上面発酵酵母と下面発酵酵母の2種類があります。上面発酵酵母は発酵中に菌体が液の表面に上昇し、下面発酵酵母は発酵後期になると沈む性質をもっています。歴史的には上面発酵酵母の登場が先で、下面発酵酵母は遅れて現れます。

さて、低温発酵とはいっても、15世紀当時は製氷に必要な冷凍機がまだ存在しない時代なので、清酒の醸造と同じように、ビールもまた冬季から春にのみ醸造され、氷で貯蔵できる穴蔵が醸造や熟成のために使われました。ミュンヘンで9月の第3土曜日から2週間続くビールのお祭り「オクトーバーフェスト」で飲まれるビールは、かつては醸造期間の最終盤にあたる3月に仕込み、夏のあいだは氷とともに長く貯蔵された下面発酵のものです。3月に仕込むことから、メルツェン（ドイツ語で3月）ビールともよばれます。

豊かな個性を楽しむ上面発酵ビールに対し、下面発酵ビールは、ひと言でいえば「香味はおだやかで爽快な味」であり、この爽快さ、止渇感、飲み飽きないうまさが、やがて上面発酵ビールを圧倒し、ビールの世界を席巻していくことになりました。

現代のベストセラー「ピルスナービール」の誕生

現在、世界で最も多く醸造され、最も多く飲まれているビールは「ピルスナー」とよばれるタイプです。淡黄色でホップの効いた、すっきりとしたキレ味のある、爽やかな香味が特徴です。

ビールの本場であるドイツ発祥かと思われがちですが、実はそうではありません。

１８３８年、当時のボヘミアのピルゼンという町では、ビール醸造が非常に出来の悪い状態となり、飲用に堪えない多くのビールを廃棄することになりました。これを機会に、新工場の建設と革新的な技術者の招聘を行うことになったのです。

そして１８４２年、バイエルンから技術者を招いて新たに醸造が始められました。当初は、ミュンヘンで飲まれている下面発酵で色の濃い、しっかりした重厚な味わいのビールを造る予定でしたが、できあがったものはなんと、まったく予想だにしていなかった黄金色で泡の白いビールでした。

１８４２年10月4日にこのビールが披露されたとき、グラスに注がれたビールの色を見た誰もが驚きました。さらに、すっきりとしたキレ味のあるのど越しに加え、それまでピルゼンで造られていたビールとは比較にならないうまさになおいっそう驚いたのです。

ピルゼンでは、新しくできたビールの量産に取りかかることになりました。これが、現在最も多く飲まれているピルスナータイプのビールが誕生にいたったストーリーであり、その呼び名も地名のピルゼンに由来しています。このエポックメイキングなピルスナータイプのビールは偶然の産物として登場したわけですが、その一因として、ミュンヘンの水が重炭酸塩を含んで硬度が高く、濃色ビール向きの水質だったのに対し、ピルゼンの水が軟水であったこと、また、淡色麦芽を多く使ったことが挙げられます。

ピルスナービールの成功は、ボヘミア地方全体のビール醸造に大きな影響を与え、多くの醸造所でピルゼンのビールに近い淡色ビールを造るようになっていきました。ヨーロッパではその後、ミュンヘンビール、ウィーンビール、ピルゼンビールが三大ラガービール（低温で貯蔵し、熟成工程を経たビール）として著名になりますが、19世紀末から20世紀初頭には、ピルゼンビールが圧倒的な人気を博しました。短期間で世界中に広まり、日本においても現在はほとんどのビールがピルスナータイプとなっています。

その影響は本場ドイツでも例外ではなく、バイエルンでは淡色ビール造りに成功し、「ヘレス」（明るい、澄んだ、色が薄いという意味）タイプのビールとして人気を博しており、北ドイツでは苦味が効いた「ピルス」タイプとして、いずれもドイツを代表するビールになっています。一方、三大ラガービールの中でウィーンビールは消滅しますが、伝統的な濃色ビールであるミュンヘンビールはバイエルン地方の地ビールとして生き残り、麦のふくよかな味やカラメル風味を強調した「ドゥンケル」タイプなどのダークビールとなっています。

こうしてチェコは、ピルスナービールの本場となったわけですが、一方でプラハにはウ・フレク醸造所という１４９９年創業の地ビールレストランがあります。同所で造られているのはピルスナータイプでなく、昔のミュンヘンタイプである濃色な下面発酵ビールです。黒ビールに近い色と味わいをしていますが、決して重くなく、麦芽の甘味と旨味が心地よいので何杯でも飲めます。チェコにおいても、ピルゼン以前の伝統的な製法のビールをずっと守り続けているのは興味深いことです。

ビール醸造科学の夜明け

ここまでの歴史で、すでに現代のビール醸造技術にかなり近づいてきましたが、近代産業としてのビール醸造が大きく発展するためには、さらにいくつかの技術革新を経なければなりません。

まず、長いあいだメカニズムが不明であった発酵という現象、特にビール酵母の役割の解明が挙げられます。続いて、ビール産業を生産の面で支えた製氷用の冷凍機の発明と、保存のための低温殺菌技術の確立です。

発酵という現象は、古来より神秘のベールに包まれていました。酵母を初めて顕微鏡で観察したのはオランダ人のレーウェンフックですが（1683年）、発酵が酵母の生命現象に伴うはたらきであることがわかってきたのは、それから150～200年も後のことです。

特に、19世紀の半ば以降、ドイツの有機化学者・リービッヒの「発酵は酵母が死ぬときに生じる物質の触媒作用による糖の分解」という化学変化説と、フランスの生化学者・パスツールの

「発酵は生きている酵母が行う生命現象」という発酵学説とが対立していました。結局、１８９７年にドイツのブフナー兄弟が「発酵は生きている酵母から抽出される酵素によって起こる」とパスツールの説が正しいことを突き止め、決着がつきました。

先に述べたように、15世紀後半の下面発酵では、ビール醸造の沈殿物を次の発酵に使っていました。酵母とはわからないまでも、すでに当時、この沈殿物が発酵に必要であることは経験的に知られていたようです。

ミュンヘンのシュパーテン醸造所では、１８４０年には不完全ながらも下面発酵酵母を分離していました。１８４５年にデンマークのヤコブ・クリスチャン・ヤコブセンは、シュパーテン醸造所から下面発酵酵母を分けてもらい、ミュンヘンから故郷のコペンハーゲンまで駅馬車が止まるたびに容器に冷水をかけながら、酵母が弱らないようにして大切に運びました。この酵母によってデンマークで初めてラガービールが造られ、これが有名なカールスバーグ・ビールの発祥と伝えられています。

ヤコブセンはその後、１８７５年にカールスバーグ研究所を設立します。同研究所の初代生理学部長として招かれたエミール・クリスチャン・ハンゼンが１８８３年、１個の酵母細胞を分離して純粋種の酵母を培養する純粋培養法を発明しました。１９０８年には、この分離された下面発酵酵母が学名サッカロマイセス・カールスベルゲンシス（*Saccharomyces carlsbergensis*）として正式に名づけられています。

ハンゼンが確立した純粋培養法は、雑菌のないクリーンなビール醸造を目指す方法であり、近代微生物工業においても一大金字塔ともいえる功績となりました。

冷却を必要とする下面発酵ビール醸造が産業として飛躍することを可能にした技術として、1873年のドイツのリンデによるアンモニア冷凍機の発明があります。製氷を可能としたこの一大発明により、低温発酵と低温長期熟成が必要なラガービールの製造が世界中どこでもできるようになり、ラガービールの急速な普及をもたらしました。

下面発酵酵母の名称の変遷史

エールやスタウト等の上面発酵酵母や清酒、焼酎、ウイスキー酵母、パン酵母等は、学名サッカロマイセス・セレビシエ（*Saccharomyces cerevisiae*）として知られています。他方、下面発酵酵母は長いあいだ、学名サッカロマイセス・カールスベルゲンシスとして馴染んできましたが、近年の分類学の進歩により、その名称はややこしく変遷することになります。

ハンゼンが分離した下面発酵酵母サッカロマイセス・カールスベルゲンシスは、エール等の上面発酵酵母サッカロマイセス・セレビシエと近縁ではあるものの、形態学的、生理・生化学的、醸造学的な違いを重視して別種と考えられていました。近年はＤＮＡの塩基配列による遺伝学的な分類が主流となっており、また、交雑試験の結果も含めて、従来の酵母の多くがサッカロマイセス・セレビシエに包括されてきた経緯があります。

こうした歴史的事情から、１９０８年にサッカロマイセス・カールスベルゲンシスとされていた下面発酵酵母が、分類学の教科書では１９７０年にサッカロマイセス・ウバルム（*Saccharomyces uvarum*）になり、さらに１９８４年にはサッカロマイセス・セレビシエに、１９９８年以降はサッカロマイセス・パストリアヌス（*Saccharomyces pastorianus*）とあらためられて、現在にいたっています。

「パストリゼーション」の恩恵

続いて低温殺菌法についてです。

この技術は、パスツールが１８６６年にワインの保存性を高めるために試みて著しい効果を挙げてから、殺菌を意味する「パストリゼーション」の名をもってよばれるようになりました。ビールはもともと、ホップ成分、アルコール、炭酸ガス、低pHによって殺菌力を有していることは古くから認められていましたが、その力は十分ではなく、未殺菌ビールはしばしば雑菌の繁殖を起こし、異味・異臭を発して商品価値を失っていました。

低温殺菌は60℃で30分程度の熱処理を行いますが、この処理によって、それ以前では考えられなかったほどの長期間、味や香りが変質しないようになりました（高温殺菌ではアルコール分や香りが飛んで味も変質し、風味を損なう）。現代のビール工場では、微生物管理やろ過技術の進歩により、ビールの熱処理を行う必要はなくなりましたが（前記のとおり、熱処理しない「生ビール」が主流となっています）、この時代に安定した品質のビールをつねに製造でき、それを長持ちする商品として世界中に運べるようになった恩人は、まさにパスツールなのです。

5-3 世界の個性派ビールたち

各国で花開いたビール文化

前節までに、ビールの起源にはじまり、現代の主流となっている下面発酵やピルスナータイプのビールの技術史と、それに深く関係したドイツの醸造史について紹介してきました。ピルスナータイプのビールの系譜は、それ自体が人類の壮大なドラマの一つですが、この系譜を主流としつつも、先に述べた醸造史とは異なる歩みをした別の文化圏のビールが存在しています。

イギリス、アイルランド、ベルギー、スカンジナビア諸国、アメリカ、そしてロシアなどにも、それぞれ独自のビールの歴史があるのです。この節では、これら各国の多種多様なビールについて歴史的な背景も含めて解説しながら、その分類や技術・製法を簡単に紹介し、それぞれの個性をより楽しみながらおいしく飲めるようみなさんを誘いたいと思います。

ビールの個性を生むのは何か

古代バビロニアや古代エジプトに端を発したビール造りの技術は、やがて世界各地へと伝播していきました。長い歴史をもつ嗜好品だけに、世界にはそれぞれの地域に根ざした、多種多様なビールが存在します。これらは、穀物をはじめとする原料の選択、ホップの種類や使い方、使う酵母の種類や発酵法、色の濃淡や色調、産地などによって分類できます。

たとえば、一般的な原料である大麦麦芽に代えて小麦麦芽を使うと、ある程度酸味の効いた清涼感のある味になります。また、麦芽の使用量が多ければ、濃度の高いしっかりした香味のビールになります。麦芽に加えて一部副原料として米やトウモロコシなどを使ったものは、ビールのコク味を調整し、さっぱり感が引き出されます。

麦芽製造時の焙燥（ロースト）方法を変えると、淡色麦芽から濃色麦芽まで、さまざまに色や風味を変えた麦芽ができ、淡色ビールから黒ビールまで多様な色調のビールを造ることができます。コーヒー豆にも浅煎り豆や深煎り豆などがあり、それぞれに香ばしさや風味が異なりますが、麦芽でも煎り方によってできるビールの色や風味の特徴が大きく変化するのです。

ベルギーには、チェリーやカシスといったフルーツを加えた、ワインやシャンパンのような風

発酵方法	ビールのタイプ	ビールの例
下面発酵	淡色ビール	ピルスナービール（チェコ）
		ドイツ淡色ビール
		アメリカビール
		（一般的な）日本のビール
	中等色ビール	ウィーンビール（オーストリア）
	濃色ビール	ミュンヘンビール（ドイツ）
上面発酵	ドイツ上面発酵ビール	ケルシュ（ケルンとその近郊）
		アルト（デュッセルドルフとその近郊）
		ヴァイツェンビール（バイエルン地方）
		ベルリナーヴァイセ（ベルリン）
	英国上面発酵ビール	黒ビール：ポーター、スタウト 淡色ビール：ペールエール、ビターエール
	ベルギー上面発酵ビール	トラピストビール
自然発酵	ベルギー自然発酵ビール	ランビック、グーズ

表5－1　ビールの分類

味のビールがあり、使用原料によってさまざまなビールが造られています。

　酵母についても、低温発酵の下面発酵酵母や常温に近い温度で発酵させる上面発酵酵母の使用、あるいは酵母以外の乳酸菌なども発酵に関与する自然発酵など、各種の使い分けによって造られるビールはかなり異なるものになります。

　原料、酵母、ホップ、製法や、ビールの歴史や文化、地域なども考慮すると、表5－1のようにビールを分類することができます。

下面発酵ビール

長期熟成の淡色下面発酵ビールの代表的なものがピルスナービールです。前述のように、1842年にピルゼンで発明されてからまだ180年程度の歴史ですが、世界中で最も愛飲されているベストセラータイプです。

ピルスナービールの代表は、発祥地であるチェコのピルスナー・ウルケルやブドヴァイザー・ブドヴァーです。淡黄色で、白く豊かな泡立ち、やや力強いが爽快な苦味、ホップの繊細な香り、キレの良さ、外観、香味とともに調和のとれたすばらしいビールです。

使われるのは、ピルゼンに近い世界最高級の優良ホップの産地の一つ、ザーツ地方で栽培されるザーツ種のホップで、現在でもビール業界では最高級の品質を意味する「ファインアロマホップ」と格付けされ、高価格で取り引きされます。ザーツ産ホップには、すっきりとした苦味と豊かな泡立ちおよび泡持ちの元になるアルファ酸群（フムロン類）、マイルドな苦味に寄与するベータ酸群（ルプロン類）の両者がほどよい割合で含まれています。さらには、ビールに香りを与えるホップ精油、締まりとコクを与えるポリフェノール（タンニン類）などが含まれ、優れた特徴をもつホップです。

ピルスナータイプのビールの名声は世界中に知れ渡り、いつしか各国で淡色ラガービールの別称としてピルスナーやピルスを名乗るようになりました。現在では、ピルゼン風淡色ビールの代名詞になっています。一般的にアルコール分は4・5〜5・5%に抑えられ、飲みやすい淡色ビールです。

同じ淡色下面発酵ビールでも、ピルスナービールに刺激を受けて開発されたバイエルンの淡色ビール（ヘレス）は、麦芽の風味をやや強調し、ホップの香味を控えめにしています。また、北ドイツで好まれるハンゼアティッシュ・ピルスナー（ハンザ同盟都市のピルスナーの意味）は、より淡色で苦味が強く、ドライな味わいです。特に、シャープなホップの味わいが特徴的なビールであり、ブレーメン近郊のイェーヴァー・ピルスが代表的な銘柄です。

その他、世界で有名な欧州発のラガービール系としては、デンマークのカールスバーグやツボルグ、オランダのハイネケンやグロールシュ、ベルギーのステラ・アルトワ、ドイツのビットブルガー・ピルスやベックスなどがありますが、いずれもピルスナービールの仲間です。

淡色以外の下面発酵ビールとしては、中等色のウィーンビールや、濃色のミュンヘンビールがあります。ウィーンビールは、ウィンナー麦芽を使う赤みを帯びた中等色のラガービールですが、現在のオーストリアでは廃れています。ミュンヘンビール（ミュンヒナー）は、濃色・下面発酵ビールを代表するビールで、麦芽はやや色が濃いミュンヘン麦芽を主体とし、カラメル麦芽や黒麦芽などを配合して仕込んでいます。色が濃いめで、麦芽の香ばしさとまろやかな味が特徴となっており、苦味は控えめで、ほどよい甘味が特徴のビールです。

ドイツは本場といわれるだけあって、純粋令に従ったビールを造りながらも、さまざまに個性のある下面発酵ビールに富んでいます。たとえば、バイエルン地方のニュルンベルク近郊にあるバンベルクという町には、ラオホビールというビールがあります。ここで使う麦芽は、ブナの丸太で燻製されており、濃色でスモーキーな香りのビールは、旨味も味わいも深く際立った特徴をもっています。同じくバイエルン地方には、ボックビールというアルコール分６％以上の強いビールがあり、なかにはアルコール分８％を超えるドッペル・ボックというビールもあります。

ビール消費大国アメリカや日本は？

アメリカでのビール造りは、１６２０年にイギリス清教徒がメイフラワー号でプリマス港に上陸したところから始まり、歴史は比較的浅いものです。しかし、現在のアメリカは、生産量でも消費量でも世界有数のビール大国になりました。一般的に飲まれているビールはアメリカン・ラガーとよばれ、ビール本来の麦芽やホップの旨味を重視するというよりは、乾燥したアメリカの風土に合った、軽くて苦味とコクの少ない、炭酸ガスの強いタイプです。トウモロコシや米などの副原料を多量に使用することで、あっさりした味を出す一方、苦味は極力抑えられています。

0～5℃の低温に冷やして飲まれており、清涼感や爽快感が特徴です。
また、より止渇性が高く、軽い飲み口のライトビール（アルコール度数やカロリーが低い）は、以前は全米シェア全体の5割を超えていましたが、近年減少傾向にあり、2015年には45%程度まで減っているようです。

第3章で詳しく見たように、最近の流れとしてクラフトビールの台頭があります。2015年の時点で販売数量のシェアは1割を超え、売上金額では2割を占めるともいわれています。クラフトビールは一般的なラガービールとは異なり、特徴のあるホップを大量に使ったIPA（インディア・ペールエール）など、より個性の強いビールです。

日本の一般的なビールもピルスナービールのカテゴリーに入りますが、アメリカン・ラガーほど淡白ではなく、また、欧州のビールのように個性的すぎず、香味のバランスが絶妙で繊細な味わいをもっています。どんな料理とも相性のよい、きわめて高品質のビールであるといえます。

このように、同じピルスナービールといっても、世界的に、また地域ごとにさまざまな特徴があり、造り方や飲み方の違い、風土を反映したもの、食事との相性など、さまざまです。また、日本でもアメリカと同様、2010年頃からクラフトビールのブームが生じつつあります。

個性あふれるドイツの上面発酵ビール

続いて、個性的な味わいのものが多い上面発酵ビールを見ていきましょう。

まずは、ドイツ系上面発酵ビールです。代表的なものに、デュッセルドルフとその近郊で飲まれているアルトビールがあります。古い上面発酵方式で造られていることから、ドイツ語で「古い」を意味するアルト（英語のオールドにあたる）と名づけられています。やや濃色で、麦芽特有の甘い香りがし、芳醇でホップが効いた、旨味とコクのある味わいが特徴です。

図5－4　ケルンを代表するビール「ケルシュ」
（写真提供：Alamy ／アフロ）

デュッセルドルフの隣町であるケルンとその近郊には、これも有名なケルシュがあります（図5－4）。ホップと苦味を効かせた淡色のビールであり、フルーティーな香りをもった爽やかでキレのいいビールです。

バイエルンのヴァイツェンビールは、小麦を50％以上も使った上面発酵ビールです。ねっとりとした泡が特徴で、独特の燻製的な香味がします。この燻製的な香りは、ヴァイツェン用のビール酵母が、麦汁中のフェルラ酸という有機酸をグアヤコールという化合物に変換することで生じま

図5－5　ベルリーナー・キンドル・ヴァイセ

左（赤）がラズベリーシロップで割ったもの、右（緑）は、ヨーロッパでビールやワインの香りづけに利用されるクルマバソウのエキスで割ったもの。

（写真提供：picture alliance ／アフロ）

す。炭酸ガスはやや高めで、酸味が効いて清涼感があり、フルーティーな味わいが特徴です。

瓶に詰めた後も酵母で後発酵させるために、ろ過せず濁っているものをヘーフェ・ヴァイツェン、ろ過して酵母を取り除いたものをクリスタル・ヴァイツェンといいます。このビールは、そのまま飲んでももちろんおいしいのですが、輪切りのレモンを添えると、爽やかさがいっそう引き立ちます。

ベルリナーヴァイセはベルリン特産のビールで、小麦麦芽75%、大麦麦芽25%で仕込み、酵母に20%ほど乳酸菌を植えつけて発酵させます。アルコール分は2・5~3%で酸味が強く、泡がシャンパンのように立ち上がる清涼感のあるビールです。このビールは、そのまま飲むとたいへん酸っぱいので、カクテルを飲むときに使うボウルのような形をした脚つきグラスに入れ、ラズベリーシロップやキイチゴのジュースなどで割って飲みます。

ベルリナーヴァイセでは、ベルリーナー・キンドル・ヴァイセが有名です（図５－５）。

ホップの苦味が効いた英国上面発酵ビール

英国系の上面発酵ビールには、どのような特徴があるのでしょうか？

英国では15世紀頃まで、ホップの入っていないものをエール、ホップの入っているものをビールとよんで区別していたといわれますが、それ以降はホップ入りもエールと称しています。

ペールエールは淡色でホップの香りと苦味が効いており、ペール（淡い）という言葉のわりには色は濃いめで、銅褐色をしています。炭酸ガスはやや弱く、13℃前後のやや生温（なまぬる）い状態で、ゆっくり飲み干します。なお、ペールエールは瓶詰めされたものを指し、樽詰めされたものはビターエールといいます。

ポーターとよばれるビールは、18世紀初頭のロンドンで、ポーター（荷物運搬人）が好んで飲んだことからこの名がついたといわれています。アルコール分が5～6％程度と高く、濃色麦芽をふんだんに使った芳醇なビールで、ホップを強力に効かせて、6ヵ月以上も熟成させて造られます。もともとは種々のエールを混ぜ合わせたものでしたが、混合するのが面倒ということから、それと同じ味のエールを造ったのが起源とされています。

日本でもよく耳にする機会のあるスタウトは、ポーターがアイルランドに伝わり、ギネス社によってアルコールを強くしてスタウト・ポーターとして造られたものが起源とされています。麦芽やホップの香味が強く、クリーミーな泡で重厚な味わいが特徴です。

イギリス系の上面発酵ビールは、爽快感を求めてよく冷やしたものをがぶがぶ飲むというよりは、やや温(ぬく)めのビールを薄暗いパブなどでちびちび飲むようなスタイルが好まれています。

ベルギービールは個性派の宝庫

最後に、上面発酵ビールで独自の文化圏をもつ個性派ビールの宝庫、ベルギービールをご紹介します。

ランビックは、ブリュッセルとその近郊の一部の区画でのみ造られる、自然発酵のビールです。昔のままの設備の醸造所で、薄暗くクモの巣で覆(おお)われているような環境下で、蔵自体や木樽に付着している酵母や乳酸菌・酢酸菌など多くの微生物が関与し、発酵・熟成に2～3年も要します。蔵付きの微生物が複雑に関与する自然発酵ならではの製法です。乳酸が1％を超すものもあり、なかなかに酸っぱい味がします。

グーズはランビックの一種で、若いランビックと熟成したランビックを混ぜて瓶内発酵させたものです。発泡性が強く、シャンパンのような風味が特徴です。

クリークランビックは、ランビックの中にチェリーを皮や種ごと入れて4～8ヵ月熟成させたものです。

レッドビールとよばれるものもあり、西フランドル地方のローデンバッハ醸造所が有名です。その名のとおり赤い色をした、甘酸っぱく、上品で芳醇な味わいのあるビールで、まるで赤のスパークリングワインのようです。このビールの赤い色はウィンナー麦芽由来で、木樽の中で2年以上も熟成させるといわれています。

ベルジャンホワイトは、小麦麦芽や未製麦の小麦に加え、オレンジピールやコリアンダーシードを使って味つけしたフルーティーで軽やかなビールです。ヒューガルテンがその代表例です。

独自路線を行く修道院ビール

ベルギービールといえば、トラピストビールが有名です。

トラピストビール（修道院ビール）とは、ベルギーの修道院で中世から醸造されてきたものを指し、15世紀頃からそれを市販するようになりました。通常のトラピストビールは上面発酵で、瓶詰め前に2回めの発酵をさせ、酵母を少し加えます。大部分がストロングエールに属し、濃色でアルコールも5～11％と高めです。

現在のトラピストビールは、従来から製造を続けてきたアヘル、シメイ、オルヴァル（図5－6）、ロシュフォール、ウエストマール、ウエストフレテレン（以上ベルギー）とラ・トラップ

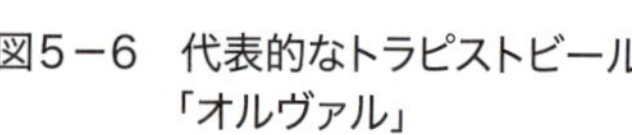

図5－6　代表的なトラピストビール
「オルヴァル」

（写真提供：小西酒造株式会社）

（オランダ）を造る7ヵ所の修道院に、2012年以降に加わったグレゴリアス（オーストリア）、スペンサー（アメリカ）、ズンデルト（オランダ）、トレフォンターネ（イタリア）を造る4ヵ所の修道院を加えた計11ヵ所のみで造られています。トラピストビールという呼称を使用できるのもこの11ヵ所に限られ、法的にも保護された独特の製造体制を築いています。

　トラピストビールの所管団体であるインターナショナル・トラピスト・アソシエーション（ITA）によれば、トラピストビールとしての認定を受けるには厳しい条件が課されています。まず、同団体の会員のみが申請可能であり、申請者は膨大な関連書類を提出したうえで、製造法や要求品質の確認のため、製造場の視察や試飲を含む厳格な審査を受けねばなりません。この審査に通過し、かつ以下に掲げる三つの要件を満たすもののみがATP（オーセンティック・トラピスト・プロダクト）の称号を受けることができ、それを製品にロゴとして使用することが認められます。このATPライセンスは5年間有効とのことです。

❶修道院内で、修道士本人ないしは修道士の指導に従って造られたものである

❷ビール造りは二義的な目的であり、それが修道院生活における適切な業務であることを誓う

❸醸造所は営利を生むための事業ではなく、利益は修道士の生活費や修道院の維持・補修のために使うべきで、余財は社会や必要な人に慈善として寄付する

なかなかに高いハードルが課されていることがよくわかります。

トラピストビールに代表されるベルギービールは、もっぱら通常の日本のビールになじんだ人が初めて飲むと、「これがビールなのか」と衝撃を受けるような味わいのものが多くを占めています。ワインやシャンパンといってもいいほどのものもあります。ベルギービールは世界のビールの中でもきわめて個性的で魅力があり、今後のビールの多様化の流れの中で評価はさらに高まっていくでしょう。

5-4 日本のビールの歴史

初めてビールを飲んだ日本人は?

初めてビールを飲んだ日本人は、いったい誰なのでしょうか?

残念ながら、正確な文献や記録は残っていませんが、徳川吉宗の時代、享保9年（1724年）に幕府の役人がオランダ商館の一行に海外事情を訊ねたときの聞き取り集『和蘭問答』の中に、「酒はぶどうにて作り申候、又麦にても作り申候、麦酒給見申候処（むぎざけたべみもうしそうろうところ）、殊外悪敷物（ことのほかあしきもの）にて、何のあぢはひも御座無候（ござなくそうろう）、名はヒイルと申候。云々」という記述があります。どうやら、ビールの味が気に入らなかったようです。

誰が最初にビールを醸造した日本人かについても、正確な記録は残っていないのですが、一般的には、幕末の蘭学者・川本幸民であるとされています。川本はドイツの農芸化学者・シュテックハルトのオランダ語版『Schule der Chemie』を『化学新書』として邦訳し、同書の中でビールの醸造を精緻に解説しています。ただし、彼がビールを醸造したという事実を確証する資料は伝わっていません。

日本人初のブラウマイスター

では、日本初のビール会社はどこでしょうか？　幕末から明治初期に、外国人居留地でビール醸造所が誕生したようですが、いずれも短命に終わっています。最初に成功を収めたビール会社は、アメリカ人のウィリアム・コープランドが1870年（明治3年）、横浜に開設した「スプリング・バレー・ブルワリー」とされています。

日本人の手による本格的なビール醸造所としては、1876年（明治9年）、札幌に開設された官営の「開拓使麦酒醸造所」が知られています。サッポロビールの前身であるこの醸造所は、ドイツ・ベルリンでビール醸造を習得したのちに帰国した日本人初のブラウマイスター、中川清兵衛を主任技師に迎えてビール工場を建設し、醸造を開始しました（図5－7）。

図5－7　日本人初のブラウマイスター、中川清兵衛

開拓使麦酒醸造所が目指すドイツ式の下面発酵ビールを造るには、低温を保つための設備が必要不可欠でした。しかし、当時ドイツで発明されたばかりだったアンモニア冷凍機は非常に高価で入手が困難だったため、天然氷を切り出して醸造や低温輸送用に使っていました。その後、大手ビールメーカーは冷凍機を導入し、品質の向上を図ることができましたが、中小の醸造所ではそうもいかず、淘汰されていきます。

明治以降から近年にいたるまで、そして現在もなお、日本で製造されるビールの主流派は基本的にピルスナービールであり続けています。日本にビールが本格的に導入されたのは明治以降であり、世界的に見ればビール後発国でしたが、その後の日本のビール産業の技術進歩は目覚ましく、近年は生産量が世界第7位であることに加え、世界でも最新の技術が導入され、かつ国内でも開発されています。先人のたゆまぬ技術研鑽と厳しい消費者の目によって日本のビールの品質は鍛えられ、今では技術的には世界最高峰といってもよいレベルまで向上しました。

１９９４年の規制緩和以降、全国各地に地ビール醸造所が設立されたことは前述のとおりです。各地でピルスナー以外の種々の上面発酵ビールやさまざまに特徴のある、あるいは地域産の副原料を使用した発泡酒等を製造するようになりました。最初のブームは２０００年を境に落ち着きましたが、アメリカのクラフトビールブームに刺激を受けて、２０１０年頃から再度ブームの兆しが見えてきたことも前記しました。

クラフトビールの最近の傾向として、大手ビールメーカーも参入し始めている点と、観光の目玉や地域振興の観点からだけではなく、自分好みのビール造りを志す醸造家によって支えられている点が注目すべきところです。個性的なビール造りが支持を受けて、今後の世界的なクラフトビールの流れが、日本でも一つのビール文化としてしっかり定着する可能性が大いにあるといえましょう。

第6章

ビールはどう進化するか

——変わっていくもの、変わらないもの

6-1 ビールの定義と酒税法

実は国ごとに異なるビールの定義

ビールは、世界中で愛飲されている最もポピュラーなアルコール飲料です。しかし、意外にもその定義は、国や地域によって大きく異なります。2018年4月1日に酒税法が改正されるまで、日本の酒税法におけるビールの定義は、簡単にいえば「麦芽、ホップおよび水を原料として発酵させたもので、麦芽の一部を麦・米・とうもろこし・デンプン等の政令で定められる物品を副原料として、麦芽の量の半分以下で使うことができる」というものでした。

したがって、副原料を麦芽の半分を超えて使用した場合や、ベルギービールのようにチェリーやカシスなどの果実、コリアンダーやオレンジピールのようなスパイス、その他ハーブなどのような、政令で定められていない原料を使用した場合には、日本ではビールと称することはできませんでした。そのようなお酒は従来、酒税法上では「発泡酒」というカテゴリーの酒類に分類されていました。麦芽や麦を使わない新ジャンルは、俗に「第3のビール」とよばれますが、もちろんこれも、ビールとはいえません。

コリアンダーまたはその種のほか、ビールに香りまたは味をつけるため使用する次の各号に掲げる物品とする。	
1	こしよう、シナモン、クローブ、さんしようその他の香辛料またはその原料
2	カモミール、セージ、バジル、レモングラスその他のハーブ
3	かんしよ、かぼちやその他の野菜（野菜を乾燥させ、または煮詰めたものを含む。）
4	そばまたはごま
5	蜂蜜その他の含糖質物、食塩またはみそ
6	花または茶、コーヒー、ココアもしくはこれらの調製品
7	かき、こんぶ、わかめまたはかつお節

表6−1　ビールへの使用が認められた副原料

（「酒税法施行規則等の一部を改正する省令新旧対照表」平成29年3月31日財務省より改変）

ビールの定義が変わった
——新ジャンルはいずれ発泡酒に統合へ

ところが、酒税法の改正によって、２０１８年４月１日から日本のビールの定義が見直されることになりました（「酒税法等の改正のあらまし」平成29年４月税務署、国税庁ホームページ参照）。

まず、ビールの麦芽比率（ホップおよび水を除いた原料の重量中に、麦芽が占める割合）の下限が、１００分の67から１００分の50に引き下げられることになりました。次に、使用する麦芽の重量の１００分の５の範囲内で使用できる副原料として、「果実（果実を乾燥させ、若しくは煮詰めたもの又は濃縮させた果汁を含む）又はコリアンダーその他の財務省で定める香味料」が追加されました。つまり、これまで発泡酒とよばれていたものの一部が、ビールに分類されるようになったわけです。

新たにビールへの使用が認められた副原料は表6－1のとおりですが、輸入販売されているベルギービールによく使用されているスパイスやハーブに加え、地ビールの一部で使用されている海産物など、多種多様なものが含まれています。今回の酒税法改正によって、原料の使用量や種類の選択肢が広がり、ビールとよぶことができる商品カテゴリーが広がることになります。

ビールの定義見直しに合わせて、発泡酒や新ジャンルなどのビールに類似する酒類についても定義が見直されることになりました。ビールの定義は先行して2018年4月1日に変更されましたが、それから5年半後の2023年10月1日からは、新ジャンルはすべて発泡酒に分類される予定です。

ビールと発泡酒の税率はどうなる?

ところで、日本の酒税法において、ビールの麦芽比率や原料の種類が事細かに定めてある理由はなんでしょうか?

それは、日本では麦芽比率や使用する原料の種類に応じて、お酒の種類ならびに酒税率を定めているからです。たとえば発泡酒では、麦芽の使用率によって酒税率が三つに区分されており(50%以上、50%未満25%以上、25%未満)、それぞれ酒税率が異なります。現在の主流である麦

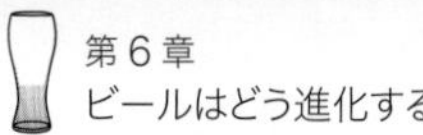

芽比率25％未満の発泡酒の酒税額は、ビールに比べて350㎖缶あたり約30円安く、これが発泡酒の小売価格に反映されています（現行では、350㎖缶あたりの酒税額は、ビールと麦芽50％以上の発泡酒で77円、麦芽50％未満25％以上の発泡酒で62・34円、麦芽25％未満の発泡酒で46・99円となっています）。

このビールと発泡酒の税率についても、大きく見直されることになりました。

その内容は、2020年10月1日から2026年10月1日にかけて、ビール・発泡酒・新ジャンルの税率差が段階的に見直され、最終的に2026年10月1日の時点で、税率がkLあたり15万5000円に一本化されるというものです。現行でkLあたり22万円のビールの税率は下がるものの、発泡酒や新ジャンルは増税されることになります（たとえば、現行で主流の麦芽比率25％未満の発泡酒はkLあたり13万4250円、新ジャンルはkLあたり8万円）。

図6－1に示すように、税率の改定は2020年と2023年、2026年のいずれも10月1日に分けて3段階で行われます。ビール、発泡酒および新ジャンルの定義と税率の変更が複雑に絡み合っていてややわかりにくいですが、今回の改定は消費者やメーカー等への影響がきわめて大きいことへの配慮から、激変緩和措置として十分な経過期間を設けての段階的変更ということになったと考えられます。

なお、一本化された結果としてビール酒税は低下しますが、それでも諸外国と比べると、まだ

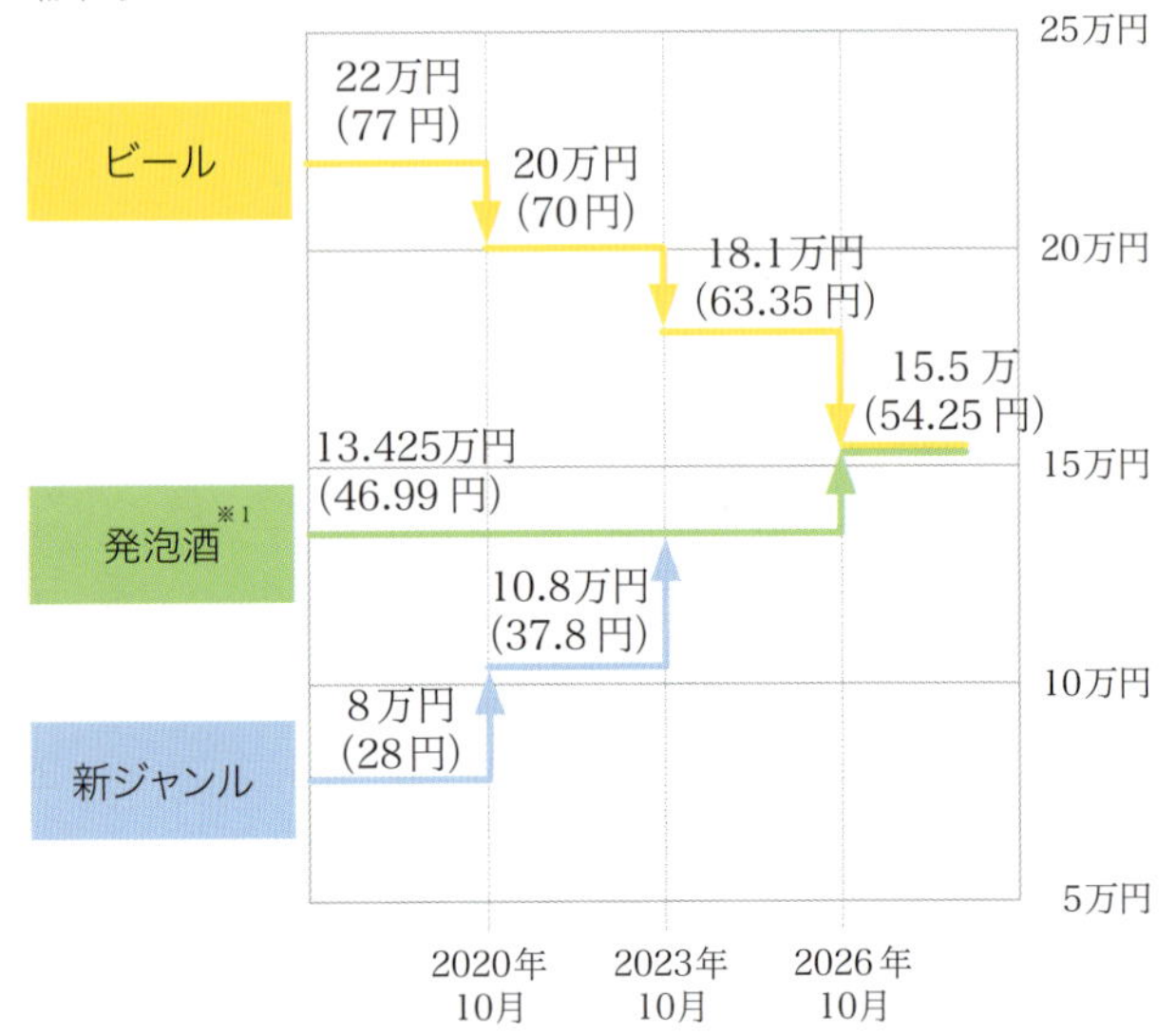

図6－1　ビール・発泡酒・新ジャンルの税率構造の見直し

（「ビール・発泡酒・新ジャンル商品の酒税に関する要望書」2017年8月、「ビール酒造組合・発泡酒の税制を考える会」の資料より改変）

まだ高い酒税率といえます。

２０２６年10月以降の予測においても、日本では３５０mLあたり約54円なのに対して、アメリカでは約９円、ドイツでは約４円と、それぞれ約６分の１、約14分の１です。税額が比較的高めのイギリスで約46円、フランスで約16円です。日本のビールの小売価格は、相変わらず世界の最も高いクラスにとどまることになります。

海外におけるビールの定義は？

海外ではもっと厳密な定義も見られ、ドイツの下面発酵ビールのように大麦麦芽とホップ以外の原料を使用できないものもあります（１５１６年の「ビール純粋令」による。166ページ参照）。ただし、そのドイツにおいても、上面発酵ビールの場合には、大麦以外の麦芽の使用や一部の糖類の使用が認められています。

イギリスやアイルランドのように、麦芽以外のデンプン原料の使用について制限がない国もあります。アメリカでは、州によってアルコール度数の上限が設けられており、それを超えた場合はビール以外の品目となる場合もあるようです。

ところで、ドイツのようにビールの定義が厳密な国では、造り込みの幅が狭くなり、どれも同じようなビールになるかといえば、そんなことはありません。ドイツには大小合わせて１０００にも及ぶ醸造所があり、ビールの種類も味のタイプもきわめて多様性に富んでいます。

たとえば、ケルンとデュッセルドルフのように互いに数十㎞しか離れていない都市間でも、ケルンでは淡色タイプのケルシュが、デュッセルドルフでは濃色タイプのアルトがと、まったく異なるタイプのビールが愛飲されており、これらのビールは市民の誇りでもあります。その他にも、燻製香が特徴的なバンベルクのラオホビール、アルコール度数の高いアインベックのボックビールなど、多様な味わいには驚かされるばかりです。

前述のとおり、麦芽は種類によって色や香り、味などの風味がかなり違ってきますし、ホップの品種ごとにも香気成分や苦味が量と質の両面で異なる特徴をもっています。さらには、発酵の方法などによって無限の組み合わせがあり、このような多様性を可能にしているのです。

ベルギービールのように、麦芽以外の原料をさまざまに使用する場合には、香味の幅がグンと広がることは容易に想像できるでしょう。とはいえ、ビールはやはり、麦芽とホップのお酒です。麦芽とホップの魅力を引き出す多種多様な方法に、国ごとのビールの歴史と文化、風俗習慣、味への嗜好と食生活などが反映されているのでしょう。

6-2 さらなる「新しいおいしさ」を目指して

「新しいおいしさ」の追求・発展の余地は無限に広がっている

酒税法においては、発泡酒は「麦芽又は麦を原料の一部とした酒類で発泡性を有するもの」と定義されています。とはいえ、日本の多くの消費者は「比較的安価なビールテイストアルコール飲料」として認知していることでしょう。発泡酒自体は戦前から世の中にありましたが、世間の注目を浴び、広く認知されたのはここ二十数年のことです。

1994年にサントリーが、日本の大手ビールメーカーとして初めて、麦芽比率65%の発泡酒

「サントリーホップス」を発売しました。翌1995年にサッポロビールが酒税額の最も低い麦芽比率25%未満の「サッポロ生ドラフティー」を発売し、1996年にはサントリーも麦芽比率25%未満の「サントリースーパーホップス」を発売しました。その後、1998年にキリンビールが「麒麟淡麗〈生〉」、2001年にはアサヒビールが「アサヒ本生」を発売し、大手ビールメーカーの発泡酒が出揃いました。

2003年にはビールテイスト飲料に占める比率が39%に達し、発泡酒は確固たる地位を築きます。ここまで消費者に受け入れられた要因として、発泡酒のもつ「新しいおいしさ」と「手頃な価格」の二つが挙げられます。

一つめの要因である「新しいおいしさ」とは、どのようなものでしょうか?

麦芽は「ビールの魂」といわれるほどビールのうまさの本質であり、麦芽比率の低い発泡酒では当然、ビールらしい芳醇な香りやコクを出すのが難しくなります。しかし、逆にいえば、麦芽が少ないことでよりスッキリとした飲み口、のど越しの良さ、キレのある味わいなど、従来のビールでは十分に表現できなかった新しいおいしさを実現することが可能になります。

たとえば、乾燥した気候で気温も高いとき、喉の渇きを潤す「止渇」が主目的の場合には、より軽くて爽快な香味の発泡酒のほうが、どっしりとした香味のビールより適しているといえるでしょう。また、家庭で飲まれることの多い発泡酒にとっては食事との相性も重要な要素であり、軽くさっぱりした飲み口が、肉や脂の多いこってりした食事をよく食べる若者に支持されたことも追い風になったと考えられます。

2018年4月以降の酒税法改正によって、ビール・発泡酒・新ジャンルの定義や税率の段階的な見直しが2026年10月にかけて行われることは前記のとおりです。この定義や税率の見直しがビール類の市場・消費に及ぼす影響は多々あると予想されますが、ビールはそもそも麦（麦芽）のお酒です。「新しいおいしさ」の追求・発展という観点からは未開拓の分野も多く、まだ無限の可能性が残されています。さらには、おいしさとは別の切り口、たとえば健康志向の分野においても、新たな機能の付加と新しい味わいが追求されていくことでしょう。

実はビールの技術だけでは造れない発泡酒

意外に思われるかもしれませんが、すっきり爽快な発泡酒の味わいは、単に麦芽を減らすことでかんたんに実現できるものではありません。実は、おいしい発泡酒を造るには、ビールの醸造以上に気を配る必要のある面もいくつかあって、ビール造りの技術を適用するだけではうまくいかなかった経緯があるのです。

発泡酒を造る際の最大の難関は、酵母による発酵工程をいかにうまく管理するかにあります。酵母は、発酵初期に麦芽由来の栄養分であるアミノ酸やビタミンを細胞内に取り込み、増殖を始めます。続いて、アルコールのもととなる糖分を取り込んでアルコール発酵を開始しますが、麦芽の少ない発泡酒では栄養分が欠乏状態となり、酵母の増殖が思うように進まないのです。

私たちの食事にたとえれば、糖分がご飯、アミノ酸などの栄養分がおかずとなりますが、おかずがほとんどない状況でご飯ばかり食べさせられたのでは、とても健康ではいられないというわけです。酵母に無理を強いた状態で発酵を続けるために、結果として「オフフレーバー」とよばれる酵母由来の不快な香気成分が発生します。これらは、卵が腐った臭いのような硫黄を含む化合物が主たるものですが、お世辞にもおいしく飲める代物ではありません。ホップで香りをつけるなどして、なんとかこのオフフレーバーを遮断しようと試みられましたが、うまくいきませんでした。結局、醸造技術者は原点に立ち返って、酵母と向き合う他なかったのです。

具体的な解決策の方向性は、次の二つでした。

第一に、どうしたら少ない麦芽で、ビールと同じように栄養分がリッチな麦汁をつくれるかという視点です。これを目指して、麦芽品種や副原料にアミノ酸が多いものを選んだり、さらには酵母エキスなどのアミノ酸やビタミンが豊富な発酵助成効果のある成分を使用したりする製法が編み出されました。

第二の解決策は、酵母のストレスを取り除くことです。栄養成分が少ない状況下でも、硫黄系のオフフレーバーを出さない酵母を選抜できれば、一気に問題解決です。ただし、そのような都合のいい酵母がかんたんに見つかるものではありません。酵母によってオフフレーバー生成に差はあるものの、一般にストレスをより少なくすることでオフフレーバーの発生を効率よく抑制できることがわかりました。

酵母は温度や圧力の変化にとても敏感で、急激な変化が生じるとストレスを感じます。ストレスを感じた酵母は、やがて弱体化していきます。そこで、酵母の培養時における酸素供給や、発酵工程における温度や圧力の管理方法を最適化したり、酵母の取り扱い方法を改善（保存方法や保存期間の最適化、おだやかな配管輸送方法の設定など）したりすることで、酵母にかかる物理的・化学的なストレスを最小限にして、オフフレーバーの発生を少しでも減らすような製法が開発されていきました。

「泡を持たせる」技術

酵母の発酵工程と同様、大きな障害となった問題がもう一つあります。泡です。

泡は「ビールの華」といわれ、ビールにとって欠くべからざるものですが、麦芽が少ない発泡酒では、ビールほどきれいな泡が持続しにくいのです。ビールの泡の主成分はそもそも、麦芽由来のタンパク質とホップの苦味成分であり、麦芽が少ない発泡酒では当然、麦芽由来のタンパク質も少なくなります。泡持ちが悪くなるのも当たり前のことです。

ビールの泡中には、タンパク質や苦味成分のように泡にとってプラスに作用する成分と、脂質酸化物のようにマイナスに作用する成分とが両方含まれています。つまり、プラスに作用するタンパク質をできるだけ残し、マイナスに作用する脂質酸化物を低減させることで、泡が持続する時間を長くすることが可能です。

もともと量の少ないタンパク質をできるだけ多く残すためには、仕込の煮沸工程を見直すことが重要でした。麦汁の煮沸は、ホップ由来のアルファ酸を苦味を呈するイソアルファ酸に変換させたり、麦芽由来の不快な香気成分を揮発させておいしいビールを造るための重要な工程ですが、ここで過剰に煮沸してしまうと、ビールの泡に寄与するタンパク質までもが凝固して欠落してしまうのです。麦芽の少ない発泡酒では、麦芽由来の不快な香気成分がもともと少ないことから、ビールに比べ煮沸を和らげることが可能だったのです。

一方、マイナス成分である脂質の酸化は、麦汁を製造する仕込工程で麦芽の脂質酸化酵素によっても生じますが、その際の温度条件を最適化することで、脂質酸化酵素の働きを抑制することが可能になりました。こうした技術の革新によって、ビールと比べても遜色のない泡持ちを発泡酒でも楽しめるようになったのです。

発泡酒が大衆に支持された重要な理由の一つである「手頃な価格」については、発泡酒の普及した時期がバブル崩壊後の景気低迷期と重なったことも、市場拡大の大きな追い風になったことはいうまでもありません。とはいえ、お酒が嗜好品であることを考えれば、「安かろうまずかろう」では本末転倒です。発泡酒の興隆は、酒税法に則ったうえで「おいしいものを造る」という、ビール各社による文字どおり血のにじむような努力が生んだ技術的成果なのです。

「第3のビール」＝新ジャンルの展開

発泡酒の登場からほぼ10年が経過した２００３年秋、ビール業界にふたたび激震が走りました。サッポロビールから、麦も麦芽も使わない新しいビールテイストアルコール飲料である「ドラフトワン」が地域限定で発売されたのです。

ホップは使用しているものの、主原料は糖類やエンドウタンパクであり、麦も麦芽も使わないことから、酒税法上は「その他の雑酒」に分類されるお酒でした。２００６年の酒税法改正によって、「その他の醸造酒（発泡性）①」に分類され、その税額は8万円／kL（３５０mL缶あたり28円）と、麦芽25％未満の最低税率の発泡酒よりさらに安くなります。こうして、発泡酒よりもさらに価格の低いビールテイストアルコール飲料が世に登場したのです。

発売当時のドラフトワンは、発泡酒に次ぐビールテイストアルコール飲料ということから、マスコミでは「第3のビール」として紹介されました。翌２００４年から全国で発売されると、新感覚の「すっきり、爽快で、ゴクゴク飲める」味が消費者から支持され、求めやすい価格であることも手伝って、２００４年度のヒット商品に成長しました。

発泡酒のくだりでも説明したように、一般的には、麦芽使用量を減らして副原料の比率を増加することで、軽快なすっきり系の香味の方向性になりますが、ドラフトワンでは、「それならいっそのこと麦芽を使わなければ、もっと爽快ですっきりしたものができるのではないか」という新しい発想に基づいて開発が着手されました。

麦芽も麦も使わないとなると、考えなければならないのは、酵母の栄養成分や呈味成分である窒素源（アミノ酸やペプチドなど）に何を使うかということでした。さまざまな試行錯誤の結果、「エンドウタンパク」が選ばれました。エンドウタンパクとは、エンドウ豆からタンパク質だけを抽出したものです。ケーキやソーセージ、ジャムなどの食感を高めるために〝つなぎ〟として使われる食品原料の一つで、本来はビールの世界とは無縁の食品です。

ところが、このエンドウタンパクには、エンドウ豆から精製されているために脂肪分が少ないことに加え、豆特有の香りが抑えられているという特徴がありました。さらには、酵母の発酵に役立つアミノ酸のバランスがよく、泡を安定して形づくるタンパク質も含まれており、新しい窒素源としてまさに理想的な性質をもっていたのです。

エンドウタンパクは文字どおりタンパク質が主成分であり、渋味や味の締まりを呈するポリフェノールやタンニン成分がほとんど含まれていないことから、引っかかりのないすっきりした味の飲み物になります。加えて、麦芽に由来する麦の香りがないため、ホップ特有の爽快な香りが引き立ち、味のキレや飲んだ後の爽快さが強調されました。こうして、パンチの効いたリフレッシングな味わいが実現できたのです。

その後、他の大手ビールメーカーも大豆タンパクや大豆ペプチド、トウモロコシなどを原料とした新ジャンルの商品開発を行い、ビール業界の主戦場は発泡酒から新ジャンルへと移っていきました。さらには、発泡酒に麦スピリッツを加える製法による新ジャンルも開発・発売されています。このタイプは「リキュール（発泡性）①」に分類され、税額は「その他の醸造酒（発泡性）①」と同額の8万円／kLです。

発泡酒にスピリッツを加える製法を用いることで、よりビールに香味が近くなり、新ジャンルの中でも比較的しっかりした味のタイプの商品開発が可能です。

6-3 「ビールの未来」を考える

世界的に進む「ビール離れ」

日本のビール業界はこの約四半世紀で、1994年の発泡酒の登場、2003年の第3のビール＝新ジャンルの登場という二つの大きなイノベーションを経験しました。従来のビールでは実

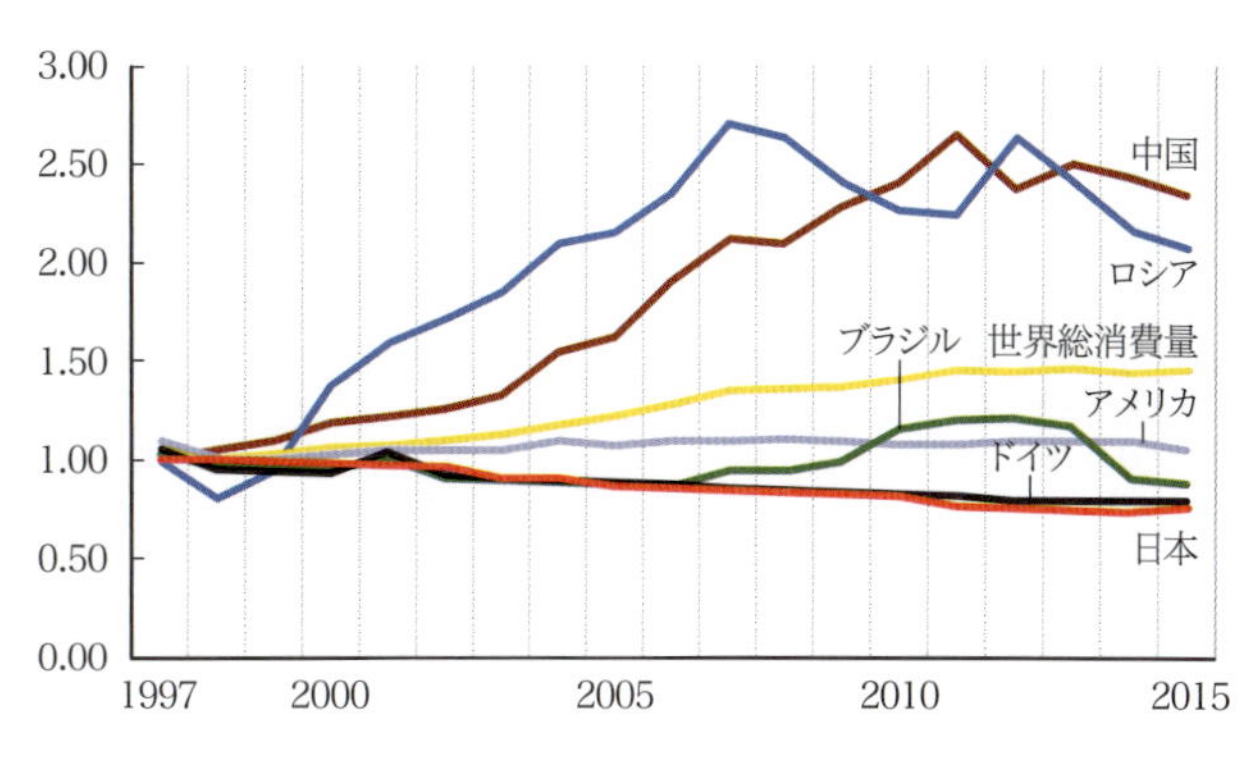

図6－2　国別ビール消費量の推移

（1997年の消費量を1とした相対値）

現できなかった「新しいおいしさ」を求めた開発が、醸造技術の進展や業界発展の大きな活力となっています。

一方、ビールの消費量を見ると、奇しくも発泡酒が登場した１９９４年をピークに年々、減少傾向にあり、現在も下げ止まっていません。少子高齢化や団塊世代のリタイアなど、飲酒人口が減少基調に入った影響が出始めていると考えられますが、特に注目すべきは、若者のビール離れ、アルコール離れです。

現代の若年層では、そもそもお酒を飲まない人の割合が増えているといわれます。これは、日本に限った現象ではありません。この約20年間を見ると、世界全体のビール消費量は中国やロシアなどの消費拡大に牽引されていますが、アメリカや、ドイツなどの西ヨーロッパ諸国では、横ばいか、または日本と同様の減少傾向になっています（図６－２）。

「ビールは将来、どこに向かうのか?」という問いにおいて、現代の若者のビール離れという大きな課題を避けて通るわけにはいきません。

ビール離れの理由は苦味?

本書を通して詳しく見てきたように、ビールの歴史は長く、伝統のあるアルコール飲料ですが、その最大の特徴であるホップの「苦味」に対する若者の反応は、必ずしもポジティブなものではないようです。むしろ、「ビールは苦いからイヤだ」という若年層もかなり多くいると推測されています。

その背景として、現代の若者はかつてと比べ、子どもの頃から甘い飲料に慣れ親しんでおり、食事のときでもジュース等を一緒に飲むことが多くなっていることも一因と考えられています。お酒を飲む際も、苦いビールよりチューハイやリキュールなどの甘いお酒を選ぶ傾向にあります。

この「苦味離れ」は、世界的な潮流でもあります。ビールの本場ドイツでも、ラドラーとよばれるビールのレモネード割りや、ビアミックスとよばれるビールと果汁をミックスした飲み物などが発売されており、若者が好んで飲んでいるようです。こうした傾向をふまえると、日本においても一般的に苦味が少ない発泡酒や新ジャンルの開発が進んだのは、ビール離れ対策としても意味があったのではないかと考えられます。

一方で、きわめて興味深いことに、アメリカのクラフトビールブームを支えているのも同じ若者世代です。彼らが好むビールの中には、ホップの効いたとても苦いタイプも含まれています。

こうした事情を考慮に入れると、ビール離れの原因の一つにホップの苦味があるのは間違いないとしても、以前に比べてチューハイやリキュール、ワインなど、お酒の選択肢が増えたことで、積極的にビールを選ぶ必要がなくなったということも視野に入れなければなりません。

日本では、2018年4月の酒税法改正で使用できる副原料の選択肢が広がったことを紹介しましたが、果実やハーブその他の新しい原料が使われることで、「ビールは苦い」というイメージを払拭できるようになるかもしれません。

ビールとの付き合い方はどう変わるか

消費量の変化や若者のビール離れが表面化する中で、「ビールの将来」はどのようなものになっていくのでしょうか。

ここでは、麦（麦芽）のお酒であるビールから「麦芽の魅力を最大限に引き出す」にはどうしたらいいかという観点から、麦芽とホップだけを原料とする〝狭義のビール〟だけでなく、広くビール類まで含めて、その将来を考えてみたいと思います。

古代バビロニアやエジプトに起源があるとされるビールは歴史のあるお酒ですが、時代とともに進化してきました。ホップを使い始めたのは8世紀以降、現在のピルスナータイプが完成したのは19世紀中頃……、こう考えると、変化の激しい現代のビールテイストアルコール飲料にも、今後さらなる変化が生じていくことが推察されます。

ビールおよびビール類の大切な点は、「爽快さがあってゴクゴク飲める」ことであり、その特性は他の酒類では代替しにくいものです。昨今流行している炭酸割り系のチューハイなどにも爽快さは備わっていますが、ビールおよびビール類の「喉を打つ爽快さ」は独自のものです。また、ホップの効用で代謝が速く、利尿効果も高いので、止渇性アルコール飲料としての地位はかんたんにはゆるがないでしょう。

味わいの点では、ビールおよびビール類には相当の幅があります。仮に若者好みの軽いものがより受け入れられるとすれば、それを志向した味づくりも、発泡酒や新ジャンルで示されたように可能です。また、本格的でどっしりした香味のものをたしなむトレンドになれば、本来の多様なビール文化の復権につながることになるでしょう。

ただし、ビールを飲むスタイルについては、ビール自体の多様化も手伝って、徐々に変化していくと推測されます。日本におけるビールといえばこれまで、「爽快で、飲み飽きない旨さの、ゴクゴク飲める」ピルスナー系ビールが主流だったため、同じ銘柄のビールに杯を重ねていく飲み方が普通でした。今後は、最初の1杯はのど越し爽快なピルスナー、2杯めはフルーティーなヴァイツェン、3杯め以降はゆっくり味わうエールといったように、少量ずついろいろな好みの銘柄のビールを楽しむスタイルが定着していくかもしれません。また、たくさん杯を重ねるのではなく、1~2杯しか飲まないからこそ、特徴があって個性的な「自分好み」のビールを探し、時間をかけてゆっくり味わうという楽しみ方もありうるでしょう。

技術の進歩によって、現在では発泡酒や新ジャンルでもしっかりとした方向の味づくりが可能になっています。麦の使用量を工夫すれば、トウモロコシやコーンスターチ、米などのあっさり系の副原料に比べ、本格的な味わいを実現することが可能です。発泡酒や新ジャンルでは、健康機能性に配慮した商品、たとえば糖質ゼロやプリン体カットなどへの対応が、従来のビールに比べて技術的に容易になっています。メタボリックシンドローム対策を目的とした特定健康診断・特定保健指導の時代に、健康に配慮する消費者に対応した商品開発もなされています。

ビール文化が根づく国に！

ビールの未来を示す言葉の一つとして、「文化」が挙げられます。

ビールを含め、お酒は一つの文化です。世界を見渡してみると、ドイツやベルギーにおけるビール、フランスやイタリア、スペインなどにとってのワイン、スコットランドのウイスキーなど、造り方から嗜まれ方まで、まさに文化そのものです。日本も清酒（日本酒）や焼酎など固有の酒類をもち、独特の酒文化を育んできました。

しかし、これらのものと比較したとき、日本におけるビール文化は明治以降のものであり、まだまだ途上にあって、しっかり根づいたといえるところまではいたっていないように感じられます。今後、日本の文化としてビールをしっかり進化させていかなければならないと思います。

ビール文化が根づいている欧州、特にドイツやチェコのレストランやビアハウスなどでその地のビールを飲み、その地の食べ物を食べ、その地の人々と語らうとき、誰しもが大きな文化の力や歴史、そしてビールの味に感激することでしょう。ぜひビールの本場で、本当のビール文化に触れることをお奨めします。

「ビールってこんなにおいしかったのか！　こんなにみんなと楽しく飲んだり、語らえるものだったのか！」と再発見できるはずです。各国のビール文化のようすについては、第9章で詳しく述べることにします。

第7章

科学的ビール堪能法

——おいしく飲むための「三つの掟」

7-1 ビールをおいしく飲むには

「三つの掟」を遵守しよう

ビアホールで飲むビールは、家で飲むビールとは違ったおいしさがある――そういわれることがよくあります。中味は基本的に同じなのに、どうしてそう感じるのでしょうか？

ビール本来のおいしさを引き出すために、守らなければならないいくつかの基本的条件があります。いわば、「おいしく飲むための掟」です。ビアホールのビールがおいしいと感じるのは、その「掟」をきちんと守っているからです。ここでは、「ビールの温度」「泡」、そして「グラス」の三つの点から、ビールをおいしく飲むための「掟」に注目してみましょう。

「冷え」は確かに重要だが……？――冷やしすぎには要注意

冷蔵庫に長期間入れっぱなしにしたり、冷気が強い場所で急冷したりするなど、〝冷やしすぎ〟はビールの品質を損ねます。ビールの泡立ちが悪くなり、また、キンキンに冷やしすぎると氷水のような状態になって味も香りも低調なものになってしまいます。これでは、ビール本来の味わいのあるおいしさと爽快さのバランスが崩れます。

さらに程度が進むと、ビール中の成分が変性して濁りや沈殿物が生じる可能性もあり、見た目にもおいしそうに見えなくなってしまいます。濁りや沈殿物は、ビールの成分である多糖類（β－グルカンなど）や、タンパク質とポリフェノールの複合体、有機酸の塩であるシュウ酸カルシウムなどが原因です。

日本で最も多く飲まれているピルスナータイプのビールの飲みごろの温度は、一般的に6～8℃で、冷蔵庫で5～6時間の保管が目安です。飲む際の室温を考慮しつつ、この温度の範囲内で、夏はやや低め、冬はやや高めの温度で飲むのがお奨めです。

なお、速く冷やしたいからといって、ビールを冷凍庫に入れてしまうことは厳禁です。ビールが凍結すると体積が膨張してしまい、場合によっては瓶では王冠から漏れたり、缶では飲み口の部分が切れたりして、中身の漏れを生じることがあります。急いで冷やしたい場合には、大きめの容器に水を張って氷を入れ、その中に瓶や缶を「静かに」入れて冷やしましょう。

冷たいビールで爽快にという、はやる気持ちはわかりますが、くれぐれも冷やしすぎにはご注意を。もちろん冷えが十分でないと、こんどは注ぐときに泡だらけになったり、爽快感がなかったり、苦味を強く感じたりと、ビール本来の香味バランスが失われておいしく飲めません。ビールの温度管理は、「おいしいビール」を楽しむための最も基本的な条件の一つなのです。

一方で、近年国内外で0℃付近、もしくはそれ以下の温度にしたキンキンに冷えたビールを提供するビアパブ等を見かけるようになりました。これらの提供にはもちろん、それを可能とする専用のビールサーバーや設備、それを注ぐプロの技が必要とされていますが、このような氷温付近で提供するビールの種類には、それなりの相性もあるようです。アメリカのライト系のビールは、たとえばパーティー等で小瓶を氷水の中に泳がせておき、瓶のままキンキンに冷えた状態のものを飲むようすをよく見かけます。

泡はビールのおいしさを示す「証人」

グラスに注がれた際、見た目でビールらしさを演出してくれる泡は、ビールの重要な品質特性の一つです。泡の役割は、大きく二つに分けられます。

まず一つめは、「グラスに注がれたビールが、本来のおいしさを十分に発揮できる状態にあるかどうかを示す」バロメーターの役割です。泡立ちが悪ければ、ビールを冷やしすぎたか、あるいはグラスの洗浄が十分でなかったかなどがわかります。逆に、静かにグラスに注いだのに泡だらけだったら、冷えが足りないか、飲む直前に乱暴に取り扱って衝撃を与えたりしたかなどがわかります。

泡の状態に注目することで、ビールの保管や取り扱い方法、グラスの洗浄状態、そして注ぎ方が適切であるかどうかを推し量ることができます。つまり泡は、ビール本来のおいしさを演出するさまざまな条件についての大切な「証人」であるともいえるのです。

泡のもう一つの役割としては、「泡が残っているうちに飲み干せば、ビール本来のおいしさを実感できる」ことにあります。泡がきちんと残っているということは、ビールが飲みごろのよい状態にあることを示しているわけです。

ビールをおいしい状態で飲めたかどうかは、飲んだ後にグラス内面に付着した泡の状態を見れば一目瞭然です。ビールをひと口飲むたびに、グラスの内面に「レーシング（lacing）」という泡の輪がクッキリと残ります（図7－1）。

図7－1　レーシング

レーシング（lacing：グラスの縁飾り）とは、レース状の泡跡が飲んだ回数分グラスの内側に残っていく現象のこと

その泡の輪を数えることで、何回かけてグラスを飲み干したかがわかるようであれば、そのビール本来のおいしさを堪能できた証拠でもあります。もちろん、一杯のグラスをおいしく飲み干す時間は、人それぞれに異なります。一人ひとりの酒量に合ったグラスの容量で、「レーシン

グ」をつくってみてください。

美しい泡をつくるグラスの理想形とは？

グラスの形もまた、泡の形成に大きく影響します。その基本的な形は、ビアホールのジョッキに見られるように美しくゆるやかな曲線をもった円筒形で、底に適度な丸みを有するものです。

この形状のグラスであれば、注がれたビールが底に当たってちょうど円を描くように下から上へと滑らかに対流することで、きめの細かい泡が形成されます。グラスの理想は、直径1に対して高さが1・8～2・2くらいの比率をもったものがベストとされています。

この比率より大きすぎても小さすぎても、きれいな泡は形成されません。直径に対する高さの比率が大きすぎるグラスでは、背が高すぎることで注ぐ際の衝撃が大きくなるために泡が適正量より多くなってしまいます。逆に、比率が小さすぎるグラスでは、炭酸ガスが抜けやすいために泡が粗くなる傾向にあります。

ラッパのようにグラスの飲み口が開いているものも炭酸ガスが抜けやすく、粗い泡となって泡持ちが悪くなりますし、底が角張っているグラスでは炭酸ガスがグラスの上方へ抜けにくいため、炭酸がきつくなって重い味として感じることがあります。いずれのタイプも、ビール本来のゴクゴクと飲める爽快さを楽しむことができなくなります。

column

ビールグラスについて

日本では従来、ピルスナータイプが主流であったことから、グラスの形状は主として円筒形で、底に適度な丸みを有したグラスが用いられてきました。一方で、欧州をはじめとする諸外国では、ピルスナータイプ以外にもさまざまなビールが飲まれており、それぞれのタイプや銘柄に応じた形状のグラスで提供されるものが多くあります。

香味特徴とグラスの形状の関係は、大まかには次のとおりです。図７－２に、いくつかの特徴的なグラスの形状を示しました。

底から飲み口へ向けて広がりを示すほど、炭酸ガスや香りが拡散しやすくなります。反対に、底から飲み口へのカーブが丸くなるほど、ビールを注いだ際の衝撃を和らげることにより、炭酸ガスや香りをビール内に留めることができます。また、細長いグラスは、泡の層をきれいに見せてくれる効果もあります。

このように、グラスの形状はビールが有する香りや味、泡などの特徴、そして飲むスタイルをも表しています。グラスをひと目見ただけで、醸造家やブラウハウスの支配人たちが、その

聖杯型

修道院ビールなど

飲み口が広く、底から飲み口へ向かったカーブの丸い形状により、芳醇な香りの拡散を楽しむことができる

チューリップ型

ベルギービールなど

底から飲み口に向かう丸いカーブに加え、飲み口の縁にかけてのややくびれた形状により、香りが拡散するとともに泡の層を保持することができる

フルート型

フルーツランビックなど

側面中央がやや膨らんだカーブを描き、飲み口が小さめの細長い形状によって、香りの拡散を抑え、きれいな泡の層を引き立たせることができる

図7－2　さまざまなグラスの形状

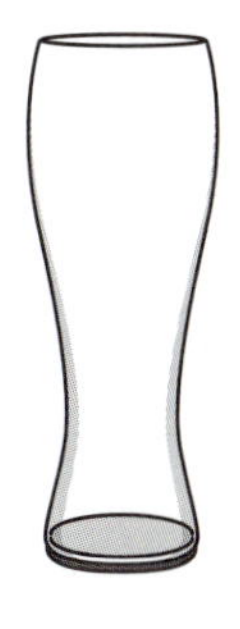

ヴァイツェングラス

ヴァイツェンなど

底からグラス中央にかけてくびれを有し、飲み口に向けてゆるやかに広がるカーブを描いた細長い形状。ヴァイツェンなど、小麦麦芽ビールに特徴的な豊かな香りと、きめ細やかな泡の層を楽しむことができる

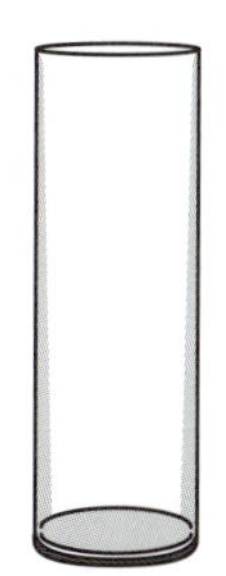

シュタンゲ型

ケルシュ、アルト

細長い円筒形をした200mL程度の小容量サイズ。小容量である理由の一つに、ウェイターが空になったグラスを見つけるや、すぐにおかわりを運んできて、「ストップ」の意思表示をするまでそれが止まらない「わんこそばのように少量で何杯も飲む」提供スタイルがある

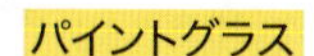

パイントグラス

**ペールエール（英国）、
アメリカンラガー（米国）など**

英国タイプ（左。568mL）は、円錐形、または側面にノニックとよばれる角あるいは膨らみを施した形状に代表され、側面にグラス容量を示す“PINT”の文字が刻まれている。米国タイプ（右。473mL）は、円錐形で手の温もりがビールに伝わらないよう厚手のつくりになっている

ビールに込めた想いを推定してみるのも、ビールの楽しみ方の一つではないでしょうか。

「飲む順序」にも法則がある！

日本でも近年、クラフトビールを充実させるなど、何種類もの銘柄を提供するお店が増えてきました。これらの銘柄をあれこれと試してみる際、〝飲む順序〟が気になることはありませんか？

実は、多種類のビールを飲み継ぐときには、ある種の〝法則〟があるのです。ごく一般的な考え方としては、香りや味の強弱、アルコール度数の高低などの影響で、香りや味がわからなくなるような順序を避けるのが賢明です。色や香味の「薄め」のものから「濃いめ」のものへと飲み進めるのが原則でしょう。

よりお奨めしたいのは、〝多くの銘柄を試すプロセスを通じて、自分が好みとする銘柄の引き出しを増やしていく〟ということです。そのためには、たとえば「軽快なものから始めて芳醇なものへ」という作戦もあれば、「濃色系に焦点を当てて杯を重ねてみる」という作戦もあるでしょう。

さまざまな銘柄をどのような順序で選ぶか？――もちろん、そのときの気分や、つまみや食事の内容に合わせながら、そのバリエーションを試す機会が増えてきたことは、私たちビール好きにとって嬉しいかぎりです。ぜひとも、その日の〝作戦〟に応じてビールの世界を広げ、〝自分好みの銘柄〟の引き出しを増やしていってください。

7-2 これが「ビールの注ぎ方」の決定版！

名人は「泡」にこだわる

ビアホールのビールがおいしいと感じる理由は、ビール本来のおいしさを引き出すための基本的条件である前述の「掟」を守っているからでした。では、これらの「掟」を具体的に実現する手順について、プロの技を例として詳しく見ていきましょう。

昭和９年（１９３４年）以来の伝統を誇るビヤホールライオン銀座七丁目店には歴代、「ビール注ぎの名人」とよばれる人がいるそうです。同店は古くからの常連さんも多く、少しでも泡の出来が悪いとお叱りを受けてしまうといいます。泡の微妙な出来／不出来がビールのおいしさを推し量るバロメーターであることを、常連さんはよく知っているんですね。

以下に、伝統あるビアホールのプロによる「おいしいビールの注ぎ方」を紹介しましょう。

❶ジョッキは垂直に

おいしくビールを注ぐために、名人が最も重要だと考えているのは、サーバーから最初に出たビールがジョッキの底に叩きつけられてできる泡だといいます。この泡を、ジョッキの縁まで持ち上げていくのが理想です。ジョッキはできるだけ垂直に立てて、サーバーから出てくるビールが直接、底に当たるようにして安定した泡をつくります。〝最初の泡〟が大切なのです。

❷つくった泡を持ち上げる

ジョッキの底に泡をつくったら、その泡を持ち上げていきます。ジョッキを少しだけ傾けて、サーバーから出てくるビールをジョッキの壁に当てるようにしながら、きめ細かな泡を形成させます。名人は、この段階でジョッキの〝姿勢〟を微妙に調節することで、ビールが流れ込む速度を変えてきれいな泡を形成させます。

❸ふたたびジョッキを垂直に

続いて、ジョッキを垂直に戻しながら、最初にジョッキの底につくった泡をそのまま持ち上げ、ジョッキの縁まで盛り上げるように泡の蓋をつくります。大ジョッキの場合、約5秒程度で注ぎ終わります。極論すれば、5秒間でジョッキの姿勢をいかに調節するかが勝負です。ジョッキを立てれば立てるほど泡が立つのは当然ですが、ただ泡ができればいいというものではありません。サーバーから出てくるビールの勢いを受け止める際に、名人はその微妙な加減を調節し、きめの細かいシルキーな泡をつくり出しています。

ここに紹介した名人の技には、①ビールの温度、②泡のつくり方、そして、③適切なグラスという「おいしく飲むための三つの掟」が凝縮されています。それでは次に、名人がつくるきれいな泡を家庭で再現するための手順を紹介しましょう。

泡は30％程度に

きれいな泡をつくるためには、ビールをグラスに上手に注ぐ必要があります。きれいな泡をつくる極意は、注ぐ際に適度な衝撃を利用することでビールの炭酸ガスによって起泡させ、グラスの中に適正量の泡をつくることです。ビールに占める比率を30％程度にすることが、見た目にも美しい泡の要点とされています（図7－3）。

図7－3　適正量の泡
泡の割合は30%程度に

グラスに注ぐ際、最初のビールの流れをグラスの側面に当ててしまうと、適正量の泡をつくるために必要な、十分な衝撃を得ることができません。これを防ぐには、ビールの流れをやや細くし、グラスの底面にしっかり当てることが重要で

図7－4　三度注ぎの方法

す。泡をつくるコツを掴むことができれば、後は泡が過剰にならないように注ぎの速度を調節しつつ、グラスの上面に泡を持ち上げるようにすることで、適正量の泡をつくることができます。

ビアホールの泡を再現できる「三度注ぎ」の極意

家庭で適正量の泡をつくるには、「三度注ぎ」がお奨めです（図7－4）。

三段階に分かれている各ステップごとに泡の出来具合を確認することで、ビールに与える衝撃の程度を加減しながら、泡の状態や量を調節できる利点があります。衝撃の程度は、注ぎの速度で加減します。

❶グラスはなるべく、テーブルに置いた状態で注ぎます。グラスを手にもった状態では、注ぎ口に対してグラスが斜めになる傾向にありますが、それではグラスの底面にビールの流れを当てることが困難です。グラスを手にもって注

ぐ場合も、必ず垂直にしておかなければなりません。一度めは、グラスの底面を目がけてビールに少し勢いをつけて注ぎます。ビールが適度に泡立ったら、いったん注ぎを止めます。このときに形成された泡が、蓋の役目を果たします。

❷二度めは、あまり泡立てないようにゆっくりと注ぎます。一度めの注ぎで形成された泡の蓋が、そのままグラスの上へ押し上げられるようにするのがコツです。泡の蓋がグラスの縁に達する直前で再度、注ぎを止め、泡の形成を落ち着かせます。

❸仕上げとなる三度めの注ぎで、グラスの縁に泡を盛り上げるように静かに注いで完成させます。ビールに占める泡の比率が30％程度となるように、3回の注ぎを通じて緩急をうまく調節してください。

このようにしてビールを注いでみると、それが瓶であれ缶であれ、いつものビールとはまったく違う印象になります。しっかりした泡があり、適度にガスが抜かれて味もまろやかになり、香りも引き立っていて、ちょっとした驚きを覚えるほどです。ちょっとひと手間かけるだけで、家庭でも本格的なビアホールの味が楽しめますよ。

きれいな泡をつくるのは「きれいなグラス」

ビールをおいしく味わうためのもう一つの大切な準備として、グラスの洗浄が挙げられます。

特に、きれいな泡を形成するためには、グラスの洗浄がきわめて重要です。

しっかり洗浄されたグラスに上手に注がれたビールを上手な飲み方で味わうことで、泡持ちが良くなり、ひと口飲むたびに前述の「レーシング」が形成されます（219ページ図7－1参照）。

以下に、洗浄のポイントを紹介します。

まず、グラス専用のスポンジを用意しましょう。ビールの泡にとって油分は大敵です。他の食器洗いに使用しているスポンジには料理の油分などが付着している可能性があり、共用することでグラスに移ることがあります。専用のスポンジと洗剤を使って油分やホコリを取り除き、水洗いを十分に行ってください。

次に、きれいな流水で3回以上、しっかりとすすぎましょう。すすぎが不十分だと、残った洗剤が粗い泡を発生させる原因となります。

最後に、洗浄したグラスは自然乾燥させましょう。乾燥は油や煙などがかからないところで、網などの上に逆さにして置いてください。ふきんなどを下に敷いて乾燥させるとグラス内が蒸れることがあり、ひどい場合はグラスに蒸れ臭が残ってしまいます。また、ふきんでグラスに残った水分を拭き取るのも厳禁です。ふきんについた油分や糸くずがグラスに付着する可能性があり、せっかくていねいに洗浄しても、文字どおり水の泡になってしまうからです。

グラスがきれいになったら、飲む前に冷蔵庫で適度に冷やすとよいでしょう。注ぐ際にビールが室温に温まるのを防ぎ、ビールの爽快感を倍増してくれます。

ただし、冷凍庫に入れることは避けてください。ビールが適正温度に冷えている状態であれば、冷えすぎたグラスがビールの適正温度を下回る可能性があり、望ましくありません。グラスが凍っているような状態では、結露ができやすくなり、その水滴によってビールを注ぐときの泡にムラが生じ、きれいな泡の形成にもマイナスにはたらいてしまいます。

図7－5　缶の注ぎ口

点字には「お酒」と書いてある

実は異なる「瓶と缶の注ぎ方」

瓶と缶では注ぎ口の形状が異なるため、実はグラスへの注ぎ方にも若干の違いがあります。

缶には、開蓋の際に指で引っかけるタブと、注ぎ口となるスコアとよばれる切れ込み部分がありま す。最近では環境への配慮から、開蓋してもタブが缶本体から離れず、開口片が缶蓋内側に折れ曲がるステイオンタブ形式となっています（図７－５）。

缶ビールを注ぐ際には、この缶蓋内側に折れ曲がった開口片が〝邪魔板〟の役割をはたします。瓶と比較すると、注ぎ口の段階で泡が立ちやすい傾向にあります。そこで、先に紹介した三度注ぎの各ステップにおいては、泡が立ちすぎないような工夫が必要です。

具体的には、①瓶より1～2℃程度低めの温度にすること、②スピードをゆっくりめに加減して注ぐこと、です。いずれにしても、泡の状態を目で確かめながら、きめ細かい泡がグラスの30%程度を占めるように形成させることが、おいしいビールの条件になります。

7-3 「ビールの鮮度」をどう保つか

日光に弱い瓶ビール

日光にさらされたビールには、「日光臭」という不快な臭いがついてしまいます。

日光臭は、日光に含まれる特定の波長がビールの苦味成分を分解することで発生するもので、瓶ビールに日光が当たると「かき餅」のような臭いが生じます。その原因は、ホップ由来の苦味成分であるイソフムロンが日光中の紫外線や一部の可視光線によって分解されることで生じるチオール化合物（3-メチル-2-ブテン-1-チオール）であることがわかっています（138ページ図4-7参照）。この化合物は、pptレベル（ビール1gあたり1兆分の1g）という極微量の濃度でも、私たちの鼻が感じてしまうというやっかいな性質をもっています。

瓶ビールを直射日光下に放置した場合には、短時間でも日光臭が生じてしまいます。これを防ぐには、瓶ビールを日光にさらさないことに尽きます。ビール瓶の茶色や緑色は、イソフムロンを分解する特定の波長をある程度は遮断する効果をもっていますが、直射日光にさらされたのでは、ひとたまりもありません。ビールは必ず、冷暗所に保管しましょう。

温度変化にも要注意

日光のみならず、ビールにとっては温度変化も大敵です。先に、冷やしすぎに注意という話をしましたが、高温が大敵であることはいうまでもありません。

ビールを高温にさらすと、風味を損ねるばかりか濁りや沈殿を生じる原因にもなります。さらには、夏場の車のトランクの中など、思わぬ高温になってしまうような状況では、瓶や缶の内圧が上昇して容器が破裂するおそれもありますので、ご注意ください。

もう一つ、気をつけなければならないことに、保存温度が高いことによって生じる香味変化があります。近年、夏場の猛暑では外気温が35℃を超える日も珍しくありませんが、そのような温度に一定時間さらされることで、「紙臭」とよばれる段ボール紙のような臭いが生じますし（トランス－２－ノネナールによる。133ページ図４－６参照）、車のトランク中などさらに高温の下では「酸化臭」とよばれる甘く重い、ウイスキー様の臭いが生じてしまいます（糖とアミノ酸やタンパク質などの化学変化に由来するメイラード化合物による）。

夏場などに、「ビールの味がいつもと違う」と感じることがあったら、その原因の一つとして製品が高温にさらされていた可能性が考えられます。工場から店頭への流通プロセスには、ビール各社はもちろん最大限の注意を払っていますが、たとえば購入後に、無造作にベランダにビールを置いておくなどすると、日光や高温の影響で香味変化が起こってしまう場合もあります。保管状態にはぜひ注意してください。

また、逆に寒い時期にベランダなどにビールを置いておくと、前述のように凍結によって濁りや沈殿物が発生することもありますので、こちらも注意が必要です。

ビールは生ものです。必要以上に買い置きせず、保管に際しては屋内の冷暗所、もしくは温度変化の少ないところに置いて、新鮮なうちに早めに飲むようにしましょう。

ビールは優しく取り扱うべし

ビールの炭酸ガスは、泡や味に大きく関与しています。開栓前のビールが振動や衝撃を受けてしまうと、たとえどんなに上手な注ぎ方をしても、炭酸ガスの抜けが速くなり、ビール本来のきれいな泡や爽快な味を楽しめなくなってしまいます。

ビールは、それほどまでにデリケートな製品であるといえます。ビールをおいしく味わうためにも、振動や衝撃には十分に気をつけて取り扱ってください。

ビール各社は、環境への配慮から缶ビールには薄いアルミ板を採用しています。缶ビールには炭酸ガスによる圧力が内側からかかっているため、硬い感触があるかもしれません。しかし、アルミの厚さは、最も薄い部分で新聞紙とほぼ同等の約０・１㎜程度です。

もちろん、通常の取り扱いにおける耐久性には十分に配慮されていますが、落としたりぶつけたりといった衝撃だけでなく、たとえば自転車のカゴに入れていて、ちょっとした段差を乗り上げた際にも、中身が漏れるような傷を生じてしまうことがあります。

column

おいしさを保つ品質シート

工場から出荷された製品が消費者に届くまでには、卸から酒販店、飲食店への配送があります。それらの過程においても、温度管理や日光の遮断は品質保持の点からきわめて重要です。酒販店から飲食店にビールを小口で輸送する場合、軽トラックなどの荷台にそのまま積んでしまったのでは日光が直接当たり、夏場であれば相当に温度が上昇します。

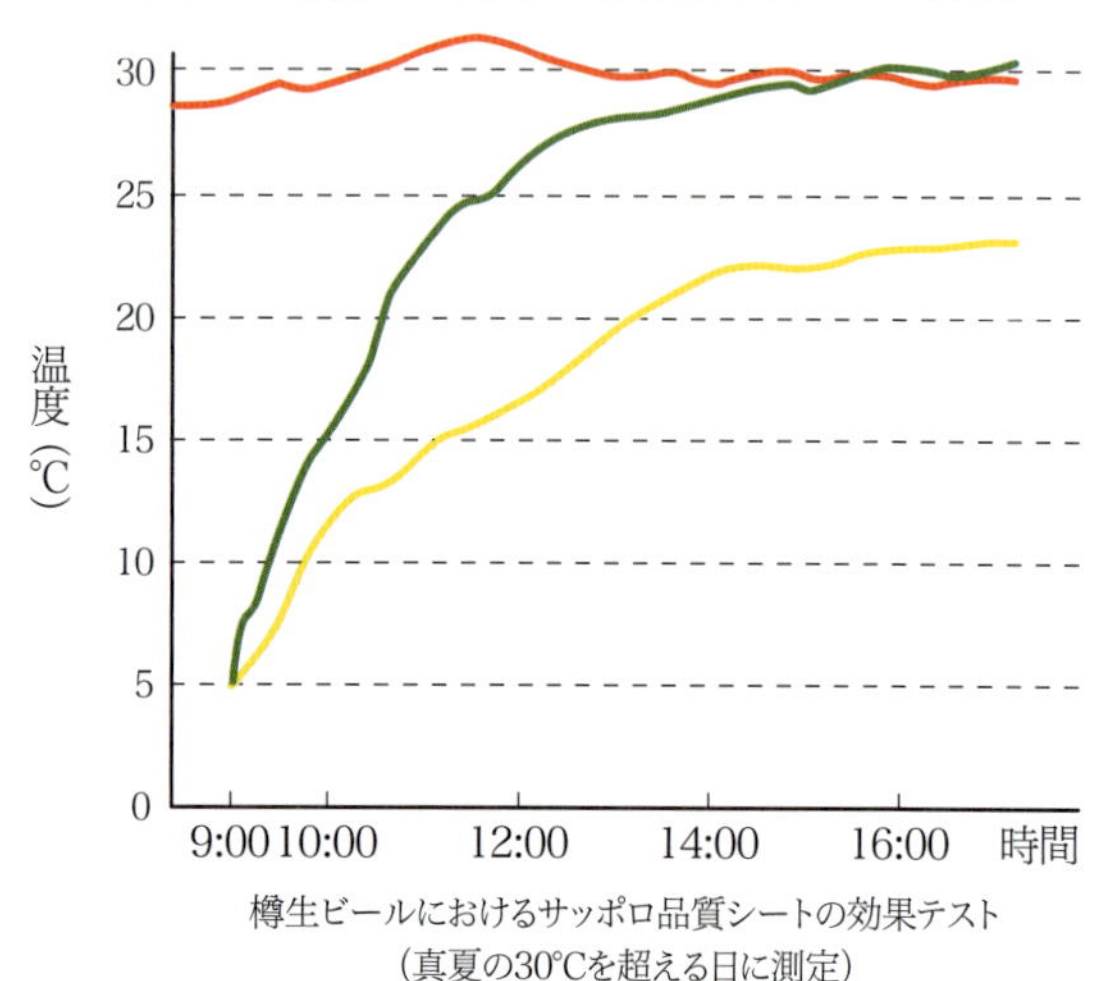

図7－6　品質シートの効果

そこで、遮光性と断熱性を備えた特殊なシートを使用することで、異常な高温や直射日光の照射を防止するようビール各社は働きかけています。このシートは、帆布の表側に熱線反射セラミックを配合し、裏側には熱線反射アルミを使用することで、表面では太陽光の熱線を反射し、裏面ではビールの冷気を閉じ込めて断熱性を高めています（図7－6）。

これにより、夏場の30℃を超える高温期にも、ビールの品質を維持した輸送ができるばかりでなく、寒冷地においても保温の一助となっています。

光や熱以外にも、ビールの品質に影響を及ぼす重要な要因として振動があります。工場から出荷された製品は、主にトラックで輸送されます。トラック輸送の際の振動による香味変化を防止するために、振動吸収機能付きの「定温輸送」トラックが開発されました。このトラックは、庫内に断熱材を貼り込んだうえで補助冷凍機を搭載しており、庫内の温度を一定に保つようにできています。さらには、振動による品質劣化を防ぐための特別なエアサスペンション（振動吸収機能）を装備しています。

ビール各社は工場でおいしいビールを造るだけでなく、そのおいしさをきちんと消費者に届けるべく、流通業者や酒販店の協力を得ながら、最大限の努力を払っています。

ビールの飲み方にも「掟」あり

ビールをおいしく飲むための基本的条件が整えば、あとは口にするだけです。ていねいに準備されたビールをおいしく味わってもらうためにも、やはり「掟」があります。

❶背筋を伸ばして、ビールを口にもっていきます。ビール特有ののど越しを十分に体感するには、喉から胃袋のラインができるだけ直線となるような姿勢を心がけてください（図7－7）。

背筋を曲げていては、せっかくののど越しが体感できません。

❷上唇で泡を押さえ、泡の下のビールを飲みましょう。せっかく三度注ぎで適正量の泡を形成しても、その泡を飲んで減らしてしまったのでは台無しです。泡は、グラスを空にするペースを知らせてくれる大切なものだと心得ましょう。

❸等間隔の時間で同じ分量だけ、前記の飲み方を繰り返すことで、等間隔のきれいなレーシングがつくられます。このレーシングが美しく形成されていれば、ここまでに紹介したおいしいビールの飲み方について「免許皆伝」といっても過言ではありません。

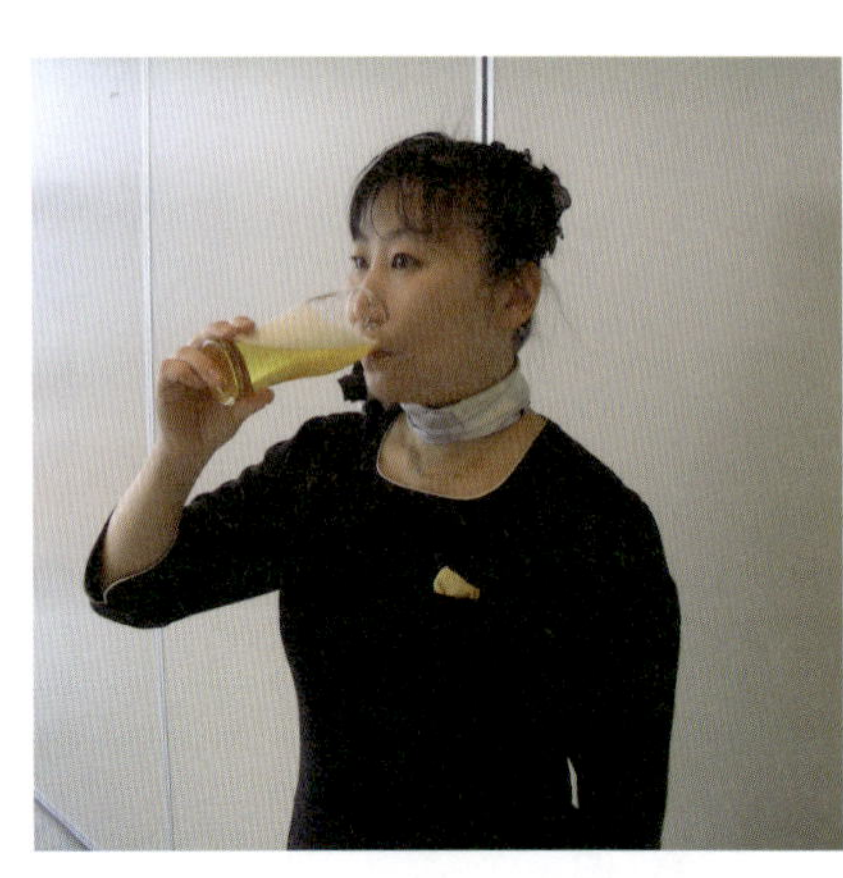

図7－7　ビールをおいしく飲む姿勢

最後にもう一つ、注意しなければならないことがあります。

❹グラスへの「注ぎ足し」は厳禁です。泡をつくる際に大切なことは、注ぐときのグラスが必ず空の状態にあることです。いったんグラスに注がれたビールは、炭酸ガスが刻一刻と失われ、泡

も少しずつ消えていきます。この状態で新たなビールを注ぎ足すことは、ビール本来の炭酸ガスや泡の力を薄め、爽快感を損なうことにつながります。

＊

この章では、扱い方や注ぎ方から飲み方まで、ビールをおいしく飲むための「掟」を紹介してきました。繰り返しになりますが、ビールは「生もの」です。大切にいつくしんで取り扱い、本来のおいしさを堪能できるような飲み方で楽しむことができれば、ふだん家庭で飲んでいるごくふつうのビールでも、あらためて「ビールってこんなにおいしいものだったのか！」と気づくことでしょう。

column

活性酸素はビールも老化させる

活性酸素は肌の大敵だったりがんの原因だったりするなど、私たち人間にとってよいイメージはありませんが、ビールにとっても同じく大敵です。ビール科学の分野では古くから、酸素がビールの成分に結合することで香味変化が生じると考えられてはいましたが、そのメカニズムはよくわかっていませんでした。

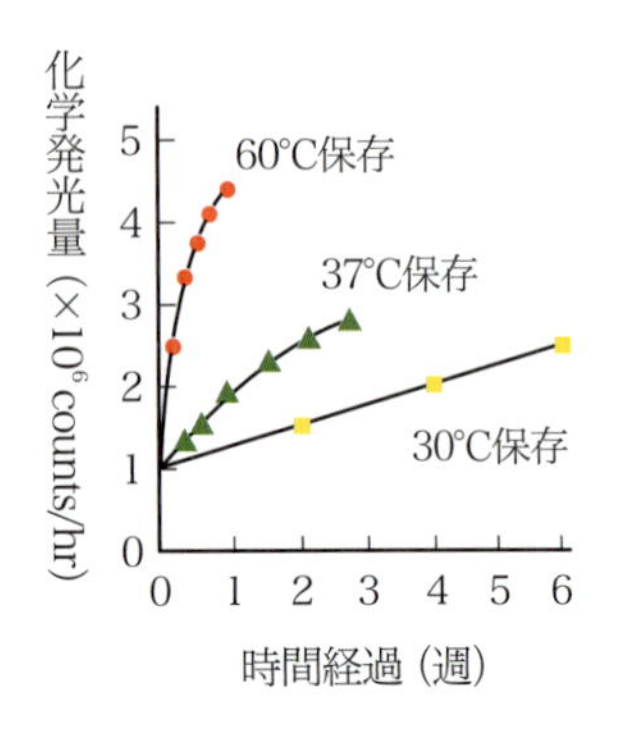

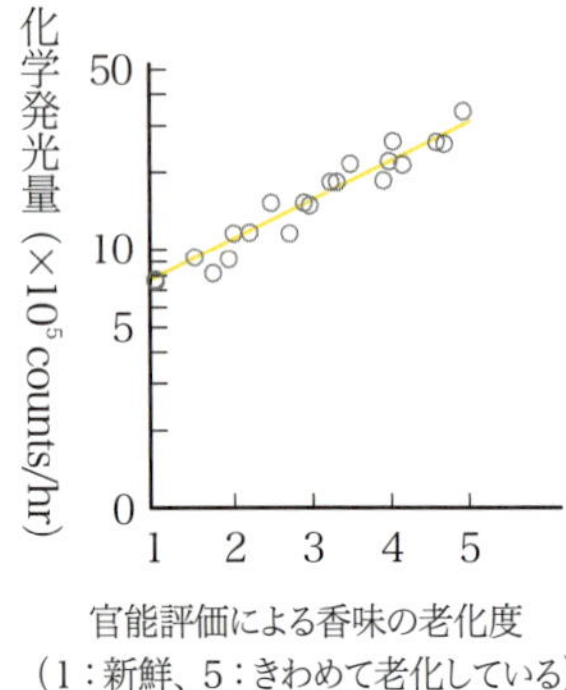

図7－8　活性酸素による香味の劣化

近年、この香味変化の原因として活性酸素に着目し、研究が重ねられてきています。その結果、ビール中に極微量含まれる酸素が熱の負荷によって活性酸素に変化し、他のさまざまな成分と反応することで香味変化が生じるのではないかという仮説が立てられました。

活性酸素による反応が生じている際には、肉眼では見ることのできないレベルの微弱な光が発生することが研究者のあいだで知られていました。実験を重ねた結果、保存温度が高いほど、また保存期間が長いほど、より多くの光が発生することを突き止め、活性酸素による反応と香味変化の相関関係が証明されました（図7－8）。このメカニズムの解明以降、工場では、全工程にわたって酸素を極限までシャットアウトすることで、香味変化の生じにくいビールを造る取り組みが続けられています。

第8章

健康的にビールを楽しむ

——長く楽しく、正しく付き合う

8-1 「ビールと健康」の今昔物語

病気の予防や治療薬に使われたビール

第5章で触れたように、古代のビールは現代のビールとは異なり、麦汁やビールのろ過といった固形分を分離する工程がほとんどありませんでした。したがって、発酵終了後の上澄み液を飲んでいたと考えられています。すなわち、麦芽の成分や酵母そのものが豊富に入っている「栄養たっぷり」のビールであったと推察できます。

麦芽や酵母には、食物繊維やタンパク質、アミノ酸、炭水化物などの栄養成分をはじめ、カルシウムやマグネシウム、亜鉛などのミネラル、ビタミンB_1、ビオチン、葉酸などのビタミン類が多く含まれています。当時のビールはまさしく、栄養豊富な「液体のパン」であったといえましょう。

ビールの栄養価は古くから注目を集めていたようで、早くも古代エジプトやバビロニアで、流行病の予防や治療薬として使用されていたといわれています。アッシリアのアッシュールバニパル王が収集した粘土板のコレクションの中に、「ビールとともに服用」と記載された処方箋が見つかっています。

医学の始祖といわれる古代ギリシャのヒポクラテスの処方箋には、発疹性の病人に発芽した大麦の煎汁を飲ませて、排尿量を増加させるという記述が残っています。

中世ヨーロッパでは、キリスト教の普及とともに教会や修道院におけるビール造りが盛んになりますが、16世紀になってホップが本格的に普及するまでは、種々の薬草やハーブが使われていました。中世の経済発展とともにビールも一般の人に普及していき、嗜好品としてだけでなく、栄養補給や医薬品としても用いられていたようです。

15世紀から17世紀にかけての、コロンブスやマゼランで知られる大航海時代には、船にビールを積み込んで脚気（かっけ）の防止に努めていたといわれていますが、これは、ビールにビタミンB1が比較的豊富に含まれているためだったと考えられています。

1620年にイギリスからアメリカへと清教徒を乗せて渡ったメイフラワー号には、400樽ものビールが積み込まれていたといいます。船上では、肉やビスケットなどの食事とともに飲まれ、ビタミンやミネラル補給の役割をはたしました。積み荷として、食べ物より重要視されていたほどです。ビールは水と比べて腐りにくいため、大航海時代の船上では、飲料として重宝されました。北米にビールが伝わった背景には、このような事情もあったのです。

現在でも、スイスやドイツの療養所では、栄養剤や食欲増進剤として医者がビールを飲むことを推奨している場合もあるそうです。ドイツには、麦汁そのものや栄養ビール（発酵を途中で止めてアルコール分が1・5%と低いもの）が市販されており、病弱な人や高齢者に飲まれていると聞きます。

現代ビールは低栄養だが……

現代のビールは、一般的にろ過が精密に行われており、見た目にもクリアで、透明度が高いビールが普通です。市場における商品の保存耐久性が向上したり（瓶や缶などで保管中の成分変化による濁りを生じないようにする）、香味を爽快なものにしたりする点でメリットがあるからです。

日本でも昨今、ビールの多様化に伴って、酵母入りビールや小麦を使ったやや濁りのあるビール、あるいはろ過をしない未ろ過ビールなども一部で造られており、いくぶん「液体のパン」に近い商品も登場しています。とはいえまだまだ馴染みが薄く、やや特殊な部類に入る商品といえるでしょう。

特に先進国では近年、脂質の多い食生活や運動不足に起因する肥満人口が増加しています。こうした背景から、世界で最も飲まれているアルコール飲料であるビールも変化を迫られており、低カロリー、糖質カット、低プリン体といった、現在の生活スタイルに合った健康志向の商品開発が盛んに行われています。

ビールのカロリーの多くはアルコール由来ですが、熱エネルギーとして体外に放出され、体内には蓄積されにくいといわれています。また、アルコール以外のビール中の糖質やタンパク質のカロリーは、揚げ物などのつまみに比べるときわめて低いものです。ビールは元来、脂質成分が非常に少なく、ビタミンやカリウムなどミネラルを豊富に含む飲み物です。

現代のビールは十分にろ過されているため、古代のものと比較すると低栄養です。しかし、醸造酒であることから、アルコール以外にもミネラルやビタミン、そしてホップ由来の成分などが相応に含まれています。次節以降では、こうした成分がもたらすビール独特の生理機能について、見ていくことにしましょう。

8-2 「ビールの機能性」を科学する

最新研究でわかったビールの新機能

嗜好品であるとともに、古くから医薬品のような使い方もされてきたビールですが、その機能性に関する科学的な研究が本格的に始まったのは、近代になってからのことです。

日本では、明治時代に森鷗外が陸軍医としてドイツへ留学した際、ビールになぜ利尿作用があるのかについて研究した論文が残されています。ビールにはカリウムの他、アルコールやホップなど、利尿効果がある成分が含まれていることはすでに説明したとおりです。
最近では、ビールの原料・成分について詳しい研究が行われるようになっており、古くから知られている成分に新たな機能性が見つかるなど、健康食品の素材として有望なものも見つかっています。

ビール酵母と健康

ビール酵母は、麦汁中の糖分をアルコールと二酸化炭素に変えるはたらきをする発酵の主役である一方、古くから薬用にされてきています。紀元前1550年頃のエジプトでは配合薬の一つとして、また、古代ギリシャのヒポクラテスの時代には焙煎した酵母が婦人病に用いられた記述が残っています。

20世紀に入って以降、酵母の研究が盛んに行われるようになり、1932年には医薬品として日本薬局方に収載されています。ちなみに、日本薬局方（第九改正、1976年）には、ビール酵母は乾燥酵母として収載されており、その薬効は「栄養補給、代謝機能促進、食欲増進、整腸など」とされています。「食欲不振、胃腸障害、便秘、肝臓疾患、神経炎、疲労、ビタミンB群の不足および欠乏症、発育不良、糖尿病、高血圧、貧血、くる病、スプルーなどに用いる」（註：スプルーは栄養吸収不全症）と、その適用が記載されています。

その後、２００９年の薬事法改正で指定医薬部外品に名称が変わりました。ビール酵母の成分についてまとめた表８－１をご覧ください。

ビール酵母の37～55％がタンパク質に相当していますが、これには18種類のアミノ酸がバラン

	単位	ビール酵母
水分	g /100g	4 ～ 8
タンパク質	g /100g	37 ～ 55
炭水化物	g /100g	25 ～ 40
脂質	g /100g	1 ～ 3
灰分	g /100g	6 ～ 10
繊維	g /100g	1 ～ 10
ビタミンB_1	mg /100g	10 ～ 25
ビタミンB_2	mg /100g	3 ～ 8
ビタミンB_6	mg /100g	1 ～ 3
ニコチン酸	mg /100g	30 ～ 64
グルタチオン	mg /100g	0.5 ～ 1.0
パントテン酸	mg /100g	2.0 ～ 35
葉酸	mg /100g	0.01 ～ 8
ビオチン	mg /100g	0.05 ～ 0.36
イノシトール	mg /100g	270 ～ 500
核酸	g /100g	3 ～ 9
グルカン	g /100g	6 ～ 8
マンナン	g /100g	4 ～ 6

表8－1　ビール酵母の成分例

（食品と開発編集部（1998）食品と開発33（2）、P23を改変）

スよく含まれており、ヒトに必要かつ体内で合成できない必須アミノ酸も8種類含まれています。また、ビタミンB_1（チアミン）、ビタミンB_2（リボフラビン）、ニコチン酸、パントテン酸などは、糖質や脂質、タンパク質を代謝する際に使われる、ヒトが生きるために必須の成分です。すなわちビール酵母は、良質なタンパク質補給と、ビタミンB群などのビタミン欠乏の予防に有用なのです。

また、ビール酵母の細胞壁多糖体は、ヒトの消化酵素では消化されない食物繊維としての性質をもっています。最近は、食物繊維の不足による症状、たとえば便秘などが増加しています。食物繊維には整腸作用、腸管の蠕動（ぜんどう）運動を高める作用、水分保持作用などがあります。ビール酵母にはグルカン、マンナン等を含め約30％の食物繊維が含まれているので、日頃から不足しがちな食物繊維を補給するにはよい素材といえましょう。また、便秘気味の人に対しては緩下剤としての作用も見込めます。

ビタミンB群が豊富なビール――アンチエイジングにも効果的

整腸作用以外にも、ビール酵母にはさまざまな機能があることが調べられています。

たとえば、血清総コレステロール濃度が高めの成人男性ボランティア10人に、精製したビール酵母細胞壁を毎日5gずつ摂取してもらったところ、摂取前と比較して、4週目、6週目の観察時に、血清総コレステロール値が有意に低下したとする報告があります。

また、ビール酵母細胞壁が腸内細菌の発酵を促進することにより、カルシウムの吸収が促進されます。実際に更年期モデルのラットで、骨密度の減少が抑制されました。その他、鉄の吸収促進作用や、胃潰瘍、肝臓保護作用、骨代謝について、動物試験で効果が確認されています。

ビール酵母は、グルタチオンや核酸といった有用な成分も含んでいます。グルタチオンは、グルタミン酸、システイン、グリシンからなるトリペプチドで、活性酸素を消去するはたらきがあり、生体内の酸化還元反応に関与しています。そこで、アンチエイジング素材としてビール酵母を用いたサプリメントが販売されています。また、グルタチオンは解毒剤として日本薬局方に収載された医薬品でもあります。ビール酵母には、このように多種多様な効果があり、かつて万能薬として、病気の予防や治療に用いられたことも十分にうなずける話です。

麦汁の栄養成分の大部分は、酵母に取り込まれます。しかし、酵母に取り込まれなかったり、一部酵母から溶出したりして、ビール自体にもある程度、栄養成分が残されています。その量は、ビタミンB_1が０・００４〜０・１０４㎎／L、ビタミンB_2は０・１４〜０・７９㎎／L、ビタミンB_6（ピリドキシン）は０・２９〜０・５４㎎／L、ニコチン酸（ナイアシン）は３・３〜６・６㎎／L、パントテン酸は１・０７〜１・２９㎎／L、ビオチンは０・０１〜０・０２㎎／L、葉酸は約０・０４㎎／Lといった具合です。

ビールには栄養成分があり、清酒やワインなどを含めた醸造酒の中でも、比較的ビタミンB群の豊富な酒類といえます。

ホップが秘める「未知の可能性」とは？

ホップは、ヨーロッパでは古くから民間薬として用いられてきました。女性ホルモン様作用をもつ物質が含まれることから、更年期の症状を軽減することが知られており、サプリメントとしても販売されています。また、生薬としても健胃や鎮静、利尿などの効果があるとされています。

ホップについては近年、動物試験やヒトでの臨床試験が複数報告されています。そのいくつかを紹介しましょう。

更年期障害に対する効果では、ホップエキスを使ったヒト試験が報告されています。更年期障害の指標の一つであるホットフラッシュスコアが2以上の女性被験者67人（平均52歳）に、ホップ中のエストロゲン様物質である8－プレニルナリンゲニン（8－PN）を豊富に（100μg）含むホップエキスを投与した結果、6週間後に対照群と比較して改善効果が認められたというベルギーの研究者による報告があります。ホットフラッシュとは、更年期障害の代表的な症状である「のぼせ」「ほてり」などを指します。

また、マウスを使った実験では、ホップエキスの鎮静効果や睡眠時間延長効果がドイツの研究者によって示されています。さらに、ホップの消化改善効果については、ラットを使った試験があります。この試験は、胃の幽門（胃の出口）を縛ったラットを使用し、ホップ投与が胃液の量にどう影響を与えるかを測定したものです。ホップを経口投与した結果、胃液の分泌が2倍以上に増加する結果が出ています。

こうした女性ホルモン様作用、鎮静・睡眠誘導効果、消化改善効果などは従来、民間療法的には知られていたものですが、近年になってようやく科学のメスが入ったというわけです。ただし、ホップにこのような効果があるからといって、ホップが入っているビールを飲めばこれと同様の効果を得られるかどうかは別問題です。ここで紹介したのは、ホップの特定成分を分離・濃縮して試験を行い、その効果を確認したものであり、ビールを多く飲めば効果があるという量ではありません。

ただし、ビールの数々の効用の中で、不眠を解消して安眠を誘う効果やリラックス（鎮静）効果、利尿効果や女性をさらに女性らしくする効果（女性ホルモン様効果）などは、伝承的にも知られているものです。アルコールの影響も大きいでしょうが、ホップ由来の効果もあるものと考えられます。

日本におけるホップは、まだまだビールの原料という域を出ておらず、他のハーブ類と比べても印象は薄いかもしれません。しかし、ホップの機能性に関する本格的な研究が継続された結果、最近は生活習慣病に関する報告が増えてきました。

たとえば、ホップの成分であるキサントフモールに、善玉コレステロール（HDL）の質を高める（血管のコレステロールを引き抜く能力を高める＝動脈硬化のリスクを下げる）はたらきがあることがわかりました。また、ホップの苦味成分（アルファ酸）を熟成・酸化させたものに、体脂肪を低減させる効果があることも判明しています。

未知の成分や機能が、今後も解明されていくことでしょう。ビールの健康機能性が証明されるとともに、ホップもまた、機能性をもった食品素材として広く認知される日が来ると思われます。

メタボリックシンドロームを予防してくれる大麦成分

大麦は、オーツ麦とともに水溶性の食物繊維であるβ－グルカンを豊富に含んでいます。一方、小麦や米には、β－グルカンはほとんど含まれていません。

2006年に米国食品医薬品局（FDA）で、一食あたり0・75g以上のβ－グルカンを含む大麦食品について、冠状動脈性心疾患（狭心症や心筋梗塞などの病気）のリスク低減を謳う「ヘルスクレーム（健康強調表示）」が認可されました。

また、ＥＵ（ヨーロッパ連合）では、一日３ｇの大麦またはオーツ麦β－グルカンの摂取で、正常な血中コレステロールの維持に役立つとする機能性表示が認められました。

大麦には、いわゆる悪玉コレステロール（ＬＤＬ）を低減させるはたらきがあります。最近では、β－グルカンを多く含む大麦が育種開発されており、β－グルカン高含有大麦を食べることで、効率的にβ－グルカンを摂ることができます。

大麦の効果は、対コレステロールだけではありません。β－グルカンで７・０ｇに相当する大麦（白米に50％のβ－グルカン高含有大麦を混ぜた麦ご飯。茶碗でおよそ２膳強）を12週間続けて摂取したところ、メタボリックシンドロームの診断基準である内臓脂肪が低減するという新たな効果が見出されました。大麦を使ったパンやご飯を食事として摂取すれば、現代の食生活に不足しがちな食物繊維を補うことができます。古くて新しい注目食材なのです。

残念ながら、β－グルカンは凍結混濁の原因となるため、ビールには非常に低いレベル（数十～２００㎎／Ｌ）しか含まれていません。今後は、古代のビールのように食物繊維やβ－グルカンがもつ健康機能成分に富んだビールへの回帰が試みられるかもしれません。

column

「ビールのリフレッシュ効果」を測定する

「現代社会はストレス社会」といわれるように、私たちは日々、さまざまな心理的重圧に囲まれて生活しています。アルコールは精神の緊張をほぐし、心の疲れを癒やしてくれる効果を有していますが、ビールではアルコール以外の成分にもリラックス効果があることがわかってきました。

ホップはハーブ系植物の一種として、古くより鎮静・睡眠誘導効果をもつといわれてきましたが、それを生理学的に証明するデータはほとんどありませんでした。「ビールを飲んでほっと一息」することは私たちも日常よく体感していますが、その科学的な評価は従来、ほとんどなされてきませんでした。

広島国際大学人間環境学部の故・吉田倫幸教授らは、被験者に負担のかからない簡便な脳波計測計を開発し、基礎律動波（アルファ波を含む6〜15Hzの脳波部分）を抽出し、そのリズム性から覚醒度（鎮静－興奮）、快適度（快－不快）を定義しました。この脳波計測と官能評価を組み合わせることにより、リラックスした状態にあるかどうかの判断が可能です。

官能評価においては、鎮静はリラックス感（ほっと一息つく気分）、興奮はリフレッシュ感

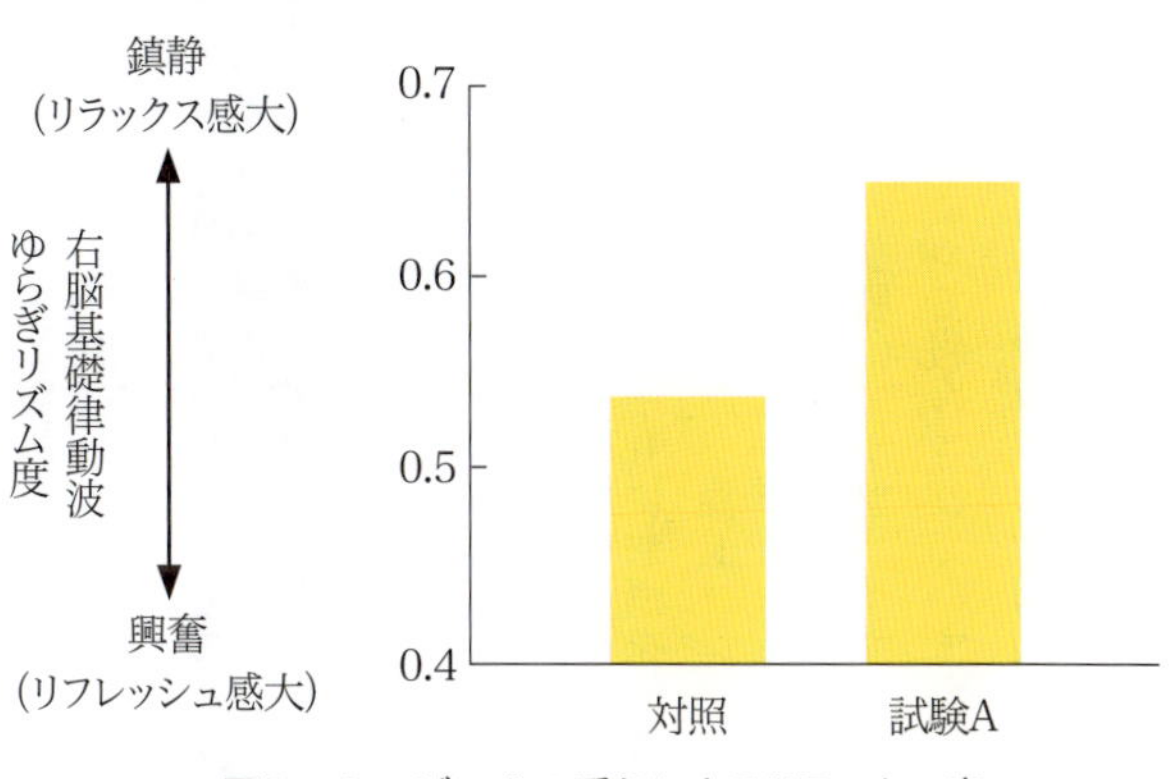

図8－1　ビールの香りによるリラックス度

(さあこれからという気分、爽快な気分、目が覚めるような気分）として理解します。被験者には目を閉じてもらい、ビールに含まれるホップ香やエステル成分を強調したビールの香りを２分間嗅いだ後の脳波を測定したところ（試験A）、対照（ホップ香やエステル成分がそれほど高くないサンプル）に比べ、右脳のゆらぎリズム度が高くなりました（図８－１）。ビールのホップ香やエステル香が、リラックス度を高めていることを意味する結果です。

今後さらに、ビール中のさまざまな香気成分の分析によるリラックスやリフレッシュの効果を示す成分の探索が進めば、将来的には「気分に応じてどのようなビールを飲むべきか」といった選択が、合理的に予測できるようになると考えられます。商品開発の点からも、リラックス感やリフレッシュ感が増した新商品を提案することが可能になるでしょう。

ビールの楽しみ方が広がる余地が、まだまだたくさんありそうです。

8-3 アルコールが及ぼす健康への影響とは?

アルコールの効能を示す「ある曲線」

「アペリティフ」とよばれる食前酒を飲む習慣がなぜ存在するか、ご存じですか?

少量のアルコールを飲むことでリラックスでき、さらには胃の動きが活発になって食欲が増すからです。食事の始まりにお酒を飲むことは、理にかなっているといえます。

アルコールにはまた、善玉コレステロール(ＨＤＬ)を増やすはたらきがあり、数多くの疫学調査が報告されています。血液凝固の抑制効果があることも認められており、最近の研究ではさらに、少量の飲酒にアルツハイマー病や他の認知症のリスクを下げる効果があることが、複数の疫学調査によって報告されています。

アルコール(エタノール)は日本薬局方にも収載されており、不安や気苦労などの不快な感情を抑制して陽気にする、鎮静や催眠効果などの多くの薬効が言及されています。一方、急性中毒や慢性中毒などの副作用についても、もちろん記載されています。

今からちょうど四半世紀前の１９９３年6月、ＡＣＳＨ（American Council on Science and Health：米国保健科学協議会）から、アルコールの摂取量と死亡率との関係を、複数の論文から総合的に解析した結果が発表されました。アルコールをまったく飲まない人に比べ、適量の飲酒をする人では死亡率が低くなる一方、過度の飲酒を行う人ではその摂取量に比例して死亡率が上昇するというものです。そのグラフの形から、「Ｊカーブ」とよばれています（図８－２）。この結果はもちろん、もともと飲まない／飲めない人に飲酒を勧めるものではなく、あくまで過剰飲酒を戒め、適量飲酒を推奨するものです。

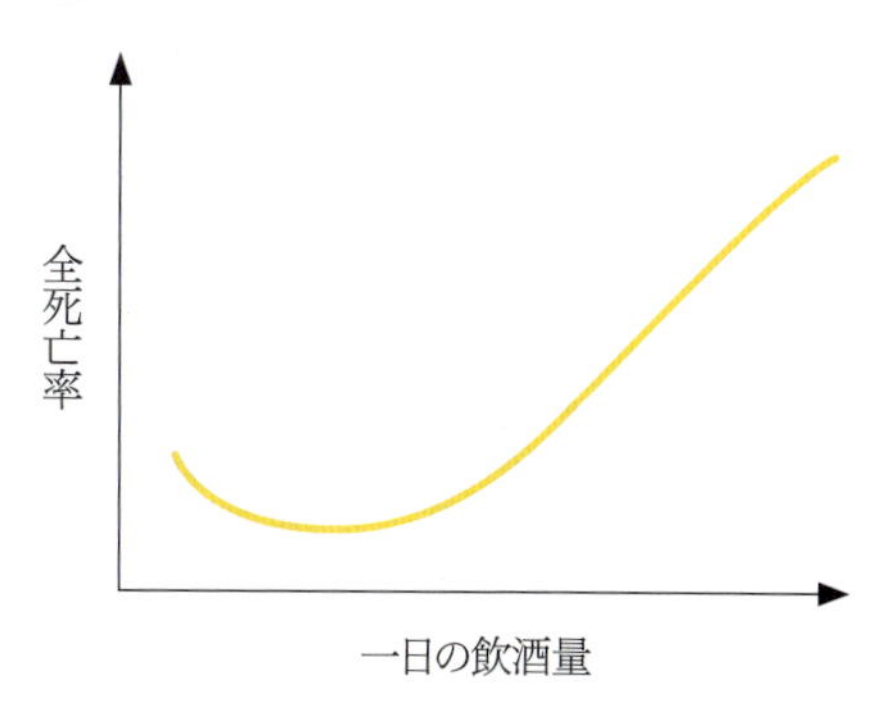

図8－2　Ｊカーブ

一日の飲酒量と死亡率の関係を示すグラフ。死亡率（疾病、不慮の事故なども含めた全死亡率）は、適量飲酒をしている人が最も低く、曲線がJの字形に近いことからJカーブとよばれている

日本では、１９９０年に開始されて現在も追跡調査が続いている、全国14万人の地域住人を対象とした、さまざまな生活習慣（喫煙、飲酒、体格、食事・栄養と運動習慣、医療的・社会的・経済的な状況、女性の生理や出産など）と、がん・脳卒中・心臓病・Ⅱ型

糖尿病・白内障・うつ病などのさまざまな疾病の発生との関連を明らかにするための「多目的コホート研究」（特定の集団を対象としたデータによる疫学的研究）が行われています（厚生労働省の研究班が実施）。

同研究におけるアルコールの摂取状況と健康との関係を見ると、全死亡率（疾病、不慮の事故なども含めた死亡率）、がんの死亡率などで、図8－2と同様のJカーブが得られています。男性では一日あたり日本酒を1合程度（ビールの場合は中瓶1本）飲むグループでは、飲まない人に比べ、死亡リスクが36％低く（相対危険度0・64）なりました。毎日1合程度飲むグループでは死亡リスクが13％低く、毎日2合程度では逆に4％上昇し、毎日4合程度の場合は32％上昇しました。

これらの結果から、飲酒量が多いと、量に比例して死亡率が高くなることは事実ですが、一方で、個人の体質に合った適量のアルコールは、健康にマイナスの影響を与えないともいえそうです。「少量（一日に1合から一日に1合程度）の飲酒は、むしろアルコールをまったく飲まないより健康によい可能性があり、それ以上は飲めば飲むほど死亡率、特にがんによる死亡率が高くなる」ということです。

右のコホート研究では、適度にお酒を飲むことの効果、最低週に2回は休肝日を設けるべきという、常識的な結論が導かれています。

アルコールには脳を麻痺させるはたらきがあり、特に大脳の理性や判断を司る大脳皮質の活動が低下し、抑えられていた大脳辺縁系（本能や感情を司る）の活動が活発になります。そのため、人はお酒を飲むと、上機嫌になったりします。度を過ぎることなく、個人の体質に合った適量を飲めば、リラックスし、ストレスから解放される効果が期待されるわけです。何よりビールの５０００年ともいわれるその歴史が、その効用を物語っているのではないでしょうか。

アルコールはどう代謝されるか

アルコールを飲むと、約20％は胃から、残りの大部分は小腸から吸収されて、肝臓に運ばれます。吸収されたアルコールの一部は、分解されることなく肝静脈から心臓に達し、呼気や尿、汗からも排泄されますが、大部分のアルコールは肝臓で酸化されてアセトアルデヒドになり、さらに酢酸に代謝されて、最終的には二酸化炭素と水に分解されて体外に排出されます（図８－３）。

一般的に、大瓶1本分（６３３㎖）のビールを飲むと、代謝されるのに約3時間かかるといわれています。ただし、あくまで目安にすぎず、お酒の強い人／弱い人によって、代謝速度は違ってきます。それでは、お酒に強い／弱いは、何が決めるのでしょうか？

その人自身がもともともっている「体質」と、「お酒の常飲量」に基づくアルコールの代謝速度の違いで、お酒に強いかどうかが左右されるのです。

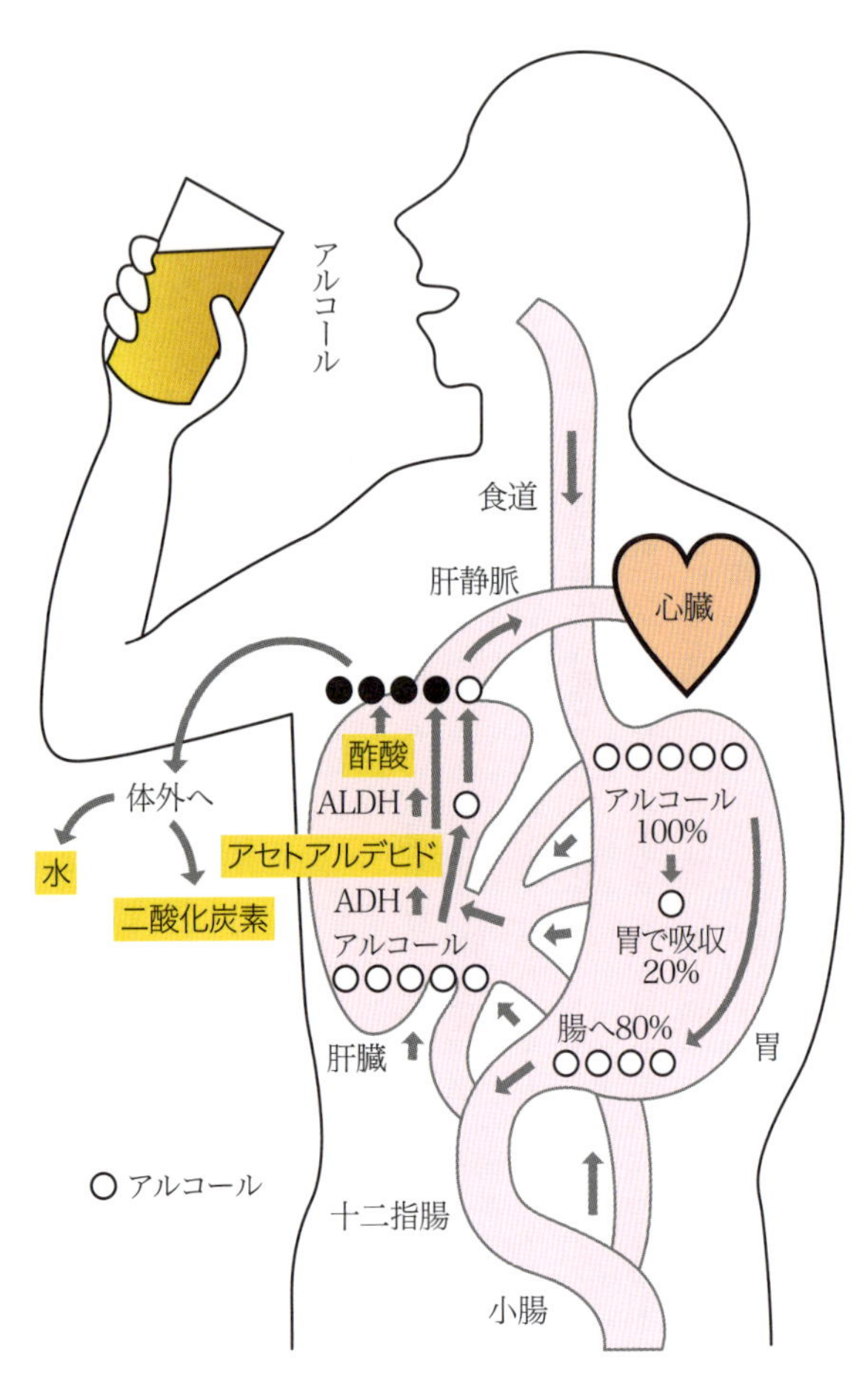

図8－3　アルコールの代謝経路

（ビール酒造組合提供）

肝臓におけるアルコールの代謝経路を、少し詳細に見てみましょう。

アルコールはまず、アルコール脱水素酵素（アルコールデヒドロゲナーゼ：ＡＤＨ）によってアセトアルデヒドに酸化され、続いてアルデヒド脱水素酵素（アルデヒドデヒドロゲナーゼ：ＡＬＤＨ）によって酢酸に酸化されます。酢酸はさらに、ＡＴＰを介して最終的にはミトコンドリアで二酸化炭素と水に分解されます。

アルコールの中間代謝物であるアセトアルデヒドは、私たちの体にとって毒性が強く、大量にアルコールを飲むと分解が間に合わなくなって、頭痛や吐き気といった二日酔いの症状の原因となります。日本人の中でも、まったくお酒が飲めない人、飲んで顔が赤くなる人、飲んでも顔に出にくく二日酔いになりにくい人など、アルコールに対する反応は人によってさまざまです。アルコールの代謝速度は人種によっても違いますし、同じ日本人でも個人差があります。

体に有害なアセトアルデヒドを代謝する酵素（ＡＬＤＨ）には、少なくとも６種あるといわれており、その中でミトコンドリアに存在するＡＬＤＨ２が主な役割をはたしています。このＡＬＤＨ２の遺伝子には、活性型、低活性型、不活性型の３タイプがあり、どれをもっているかでお酒に強いかどうかが決まります。

白色人種はほとんどが活性型ですが、日本人のようなモンゴロイドは４割が低活性型、または不活性型です。日本人で調査した結果では、「活性型：低活性型：不活性型＝58・1％：35・1

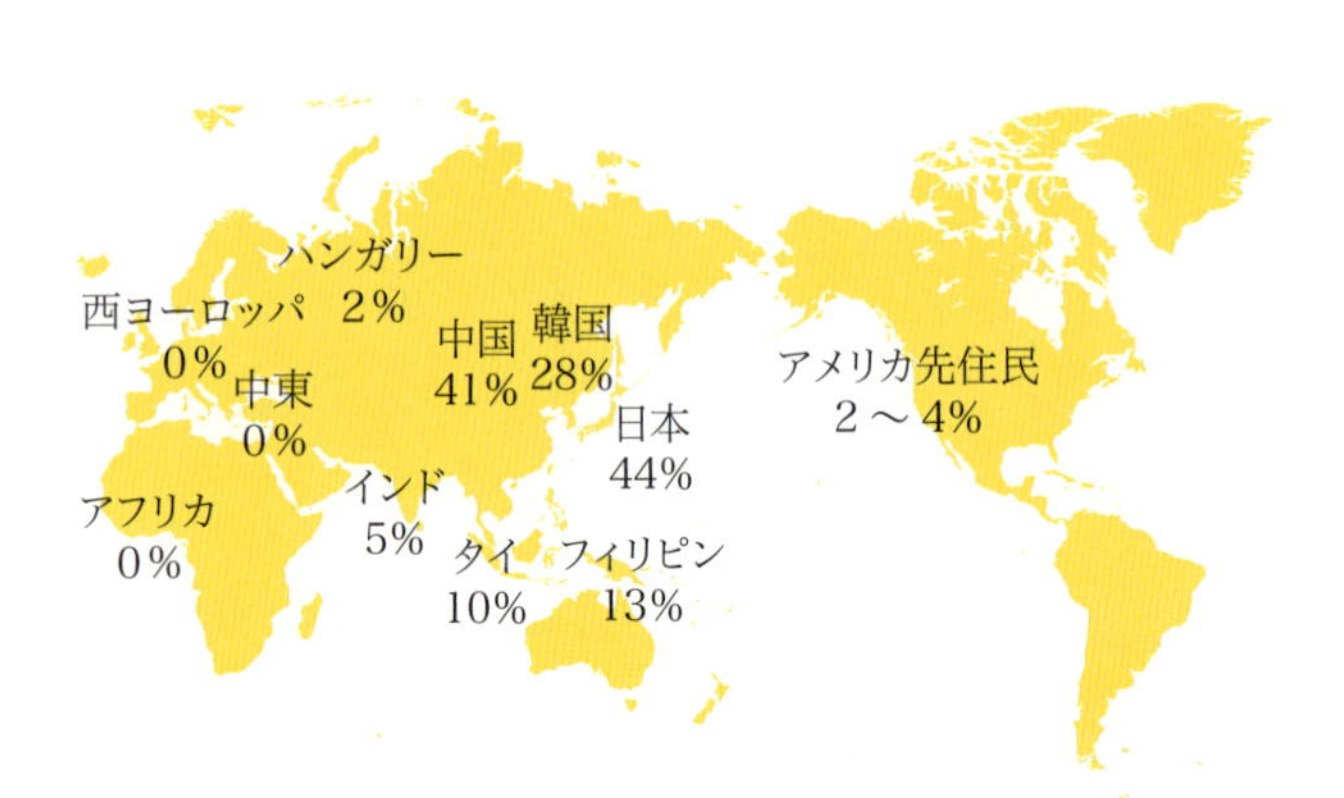

図8－4　アセトアルデヒド代謝酵素ALDH2の低活性型＋不活性型の割合

ALDH2の活性がない人は、モンゴロイドで特徴的に認められる。欧米やアフリカでは、ALDH2低活性型＋不活性型の割合が0%であるのに対し、日本人や中国人では、約4割の人が該当している

（原田勝二・Journal of the Anthropological Society of Nippon, Vol 99. No.2. 1991より改変）

%：6・7%」という比率でした。ALDH2活性の強くない人は、飲酒時に顔が紅潮する「オリエンタルフラッシング」とよばれる症状を呈します。

図8－4を見ると、もともとアジア系民族、とりわけ日本人は欧米人やアフリカ人に比べてお酒に強くない人が多いようで、飲めない人は無理をしないほうがよいといえます。お酒に強い人も、体質的にアルコールをまったく受けつけない人がいることに留意しましょう。お酒の無理強いは絶対に禁物です。

また、低活性型の人も相当数いるということは、一気飲みや大量飲酒にも注意すべきであることを指し示しています。そして、活性型だからといって油断は大敵です。多量の飲酒を長期にわたって続けると慢性中毒症状を起こし（アルコール依存症）、肉体的にも精神的にも取り返しのつかない事態を招きかねません。

飲酒によって体内で生じる変化

習慣的に飲み続けているうちに徐々に酒量が増え、「お酒に強くなった」と感じた経験をした人も多くいらっしゃるのではないでしょうか。「お酒に強くなる」とき、私たちの体内ではどのようなことが起こっているのでしょうか？

アルコールの分解は、前述のＡＤＨとＡＬＤＨ系酵素による代謝が８割程度を占めるといわれています。残りの約２割は、肝臓のミクロソームにある薬物代謝酵素を中心とするミクロソームエタノール酸化酵素系（ＭＥＯＳ）による分解だとされています。

ＭＥＯＳによる代謝では、アルコールは直接、二酸化炭素と水に分解されます。このＭＥＯＳは誘導的であり、お酒を飲み続けることでＭＥＯＳ活性が高まって、より多くのアルコールを代謝できるようになります。一見酔いにくくなり、お酒に強くなったと感じるのは、この効果によります。

ところが、ＭＥＯＳによってアルコールが代謝される際には、活性酸素が生じています。こうして生まれた活性酸素は、肝臓に酸化ストレスをもたらします。恒常的にＭＥＯＳが誘導された状態では、「酒に強くなった」と錯覚することで飲酒量が増大する傾向にあります。加えて、MEOSは薬物代謝の解毒作用を示すため、医薬品の効きが悪くなったりするなど、実はきわめて危険な状況をもたらしえます。

MEOSの活性は断酒によってもとに戻るとされており、しばらく飲まないとお酒が弱くなった感じがするのも、これが一因です。いずれにしても、連続しての大量飲酒が肝臓などの臓器に負担をかけることは間違いありません。休肝日は、肝臓をアルコールのストレスから解放するために必要不可欠だと心得てください。

最近は女性の飲酒割合が増加し、また、一日あたりの飲酒量も増加する傾向にあります。女性の社会進出に伴う飲酒機会や精神的ストレスの増加に加え、家庭でも精神的ストレス解消を図るキッチンドリンカーが増加傾向にあるなど、以前と比較して若い年齢で、重篤なアルコール依存症になる女性も珍しくなくなっています。

女性は男性と比較して、胃のアルコール代謝酵素が弱いことが知られており、また、女性ホルモンがアルコール代謝に影響しているとする報告もあります。一般に、アルコール依存症やアルコール性肝障害を引き起こす酒量は、女性では男性より少なく、3分の2程度ともいわれています。仕事でもプライベートでも、男性と同じような量のアルコールを日常的に飲んでいる女性は注意が必要でしょう。

アルコールによる健康被害をどう防ぐか――WHOの決断

2012年時点の世界における全死亡の5・9%に、アルコールが関与しているという報告があります。アルコール問題は飲酒者だけでなく、その家族への影響も大きく、経済損失の原因の一つとされています。このような社会的問題としての背景から、世界保健機関（WHO：World Health Organization）は2010年、「アルコールの有害な使用を低減するための世界戦略」を発表し、同年の総会で採択されました。

この戦略には、「国の政策と措置」として、飲酒運転に関する政策と対応策、アルコール飲料のマーケティング対策など、具体的な対応策を含む10領域の「推奨目標」が盛り込まれています。WHOは、アルコールの有害使用を予防するための対策を彼ら自身が実行するのではなく、世界各国にゆだねる方針を採りました。

WHOの世界戦略をふまえ、日本では、2013年12月に「アルコール健康障害対策基本法」が成立し、翌年6月に施行されています。日本政府は、国としてアルコール健康障害（アルコール依存症その他の多量の飲酒、未成年者の飲酒、妊婦の飲酒等の不適切な飲酒の影響による心身の健康障害）への対策を、総合的かつ計画的に進める責務を負っています。同法はまた、事業者の責務として、アルコール健康障害の発生、進行および再発の防止に配慮する努力義務を規定しています。

ビールと痛風——プリン体は本当に悪者？

痛風といえば、すぐにビールに含まれるプリン体が原因と思われがちです。第1章で紹介したように、ビール会社への問い合わせとして上位に来る質問でもあります。でも、本当にそうなのでしょうか？　少し詳しく見てみましょう。

痛風の引き金となる尿酸のもとは、確かにプリン体という物質です。プリン体は、細胞中の核酸の構成成分で、アデニンやグアニン塩基がこれに相当します。プリン体が体内で代謝されると、尿酸という物質に変わります。尿酸は水に溶けにくい性質をもっており、尿として体外に排出されにくい物質です。

血中の尿酸濃度が上昇すると、析出した尿酸の結晶が足の指付近などに溜まり、炎症を起こすことがあります。いわゆる痛風発作です。この痛風発作が起こるのは通常、血清尿酸値が7・0mg／dLを超える状態が数年以上続いた後とされていますが、いったん発作が起きると激痛を伴うことから、生活習慣の変更を余儀なくされます。生活習慣を見直さないかぎり、痛風発作が繰り返し生じることを避けられないからです。

痛風は特に、ホルモンによる尿酸排泄の違いから圧倒的に男性に多い病気です。血液検査の際

食品100gあたりのプリン体量	食品名
きわめて多い（300mg以上）	鶏レバー、マイワシ干物、アンコウ肝酒蒸し、カツオブシ、煮干、干ししいたけ
多い（200～300mg）	豚レバー、牛レバー、カツオ、マイワシ、大正エビ、マアジ干物、サンマ干物
少ない（50～100mg）	ウナギ、ワカサギ、豚ロース、豚バラ、牛肩ロース、牛肩バラ、牛タン、マトン、ボンレスハム、プレスハム、ベーコン、つみれ、ほうれん草、カリフラワー
きわめて少ない（50mg未満）	コンビーフ、魚肉ソーセージ、かまぼこ、焼きちくわ、さつま揚げ、カズノコ、スジコ、ウインナーソーセージ、豆腐、牛乳、チーズ、バター、鶏卵、トウモロコシ、ジャガイモ、サツマイモ、米、パン、うどん、そば、果物、キャベツ、トマト、ニンジン、大根、白菜、ひじき、わかめ、昆布

表８－２　プリン体の多い食品と少ない食品（総プリン体表示）
（高尿酸血症・痛風の治療ガイドライン（第１版、日本痛風・核酸代謝学会・治療ガイドライン作成委員会編）を改変）

は、肝臓に関する検査値と同様、尿酸値にも注意するようにしましょう。

さて、そのプリン体が、他のお酒に比べてビールに多く含まれるのは事実ですが、通常の食品には、ビールに比してはるかに多くのプリン体を含むものも多くあります（表８－２）。日本の一般的なビール１００gあたりのプリン体含量が約６～11mgであるのに対し、レバーや赤身の魚、干物などは、その20～40倍以上のプリン体を含んでいます。

尿酸にはもともと、体内でつくられるものと、食物として体外から摂取するものとがあります。一日平均にして体内で500㎎の尿酸が産生される一方、食品から摂取する量は一日約100㎎といわれており、合わせて600㎎の尿酸が日々、新たに増加しています。

他方、腎臓を経て尿から排出される尿酸は一日平均450㎎、汗や消化液に溶けて排出されるものが150㎎あります。増加分とほぼ同量が排出されており、プラスマイナスゼロでバランスがとれています。よほど飲み過ぎたりバランスが悪い食生活をしたりしないかぎり、健常者の場合には大きな問題にならないと思われます。

ただし、アルコール自体にも尿酸を生成し、かつ尿酸代謝を阻害する作用があるため、大量のアルコール摂取は痛風の原因となる場合があります。ビールに限らず、他のお酒でも飲み過ぎれば痛風の原因になります。バランスのよい食事を毎日心がけるとともに、水に溶けにくい尿酸の排出を円滑にするために、尿量を増やすよう水分を十分に摂ることが大切です。

8-4 適正飲酒で長く楽しい付き合いを

お酒は20歳になってから!

残念なことですが、2010年に行われたある調査では、高校生の約5割、中学生の約3割に

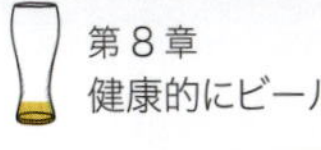

飲酒経験があるそうです。さらには、週１回以上飲酒している高校生が３〜４％、中学生でも１・２〜１・４％いるといいます。１９９６年以降のデータの推移では年々減少しているようですが、この層がさらに飲酒量を増やしていけば、若いうちからアルコール依存症になる危険性が高くなります。

日本には「未成年者飲酒禁止法」という法律があり、20歳未満の未成年者はお酒を飲んではいけないことになっています。発達段階にある身体にとって、アルコールには危険な面が多いことからの措置です。

図8－5
「STOP！未成年者飲酒」マーク
（ビール酒造組合提供）

未成年における最大の問題として、「一気飲み」による急性アルコール中毒が挙げられます。自身の許容限度となる飲酒量を把握していないことや、仲間との勢いに乗ってしまうことがその原因と考えられます。急性アルコール中毒はたいへん危険な症状で、場合によっては命にかかわることも少なくないので注意が必要です。

一気飲みだけでなく、未成年者にとってはたとえ少量でもアルコールを常用すること自体が問題です。アルコールの代謝能力が不十分であることから、体への影響も大きく、肝臓障害や膵炎のほか、脳の萎縮、成長阻害、性腺機能障害（生理不順、インポテンツ）などが、比較的少量の飲酒でも起こりやすいことが知られています。

未来の日本社会を担っていく未成年者の飲酒を予防するために、未成年者当人たちだけではなく、周囲の大人がサポートすることが重要です。そのためには、たとえば「お酒は20歳になってから」などのスローガンを共有することが、地道ではあっても必要です。ビール酒造組合では、未成年者の飲酒防止活動を２００５年から継続的に行っています。図８－５に示す「ＳＴＯＰ！未成年者飲酒」マークを新聞・雑誌等に掲載するなどの活動を展開しています。

適正飲酒の10か条

アルコールという嗜好品は、適量であれば私たちをストレスから解放してくれ、人生を楽しくしてくれる存在です。一方で、飲み過ぎると体に悪影響を及ぼすことも、本章を通じて見てきました。

重要なことは、まず自身の適量を知ること、そして、どんなにアルコールに強いと自覚していても「休肝日」を設けることです。適度な飲酒量には個人差があります。いくらストレスから解放してくれるといっても、飲酒量が増え、アルコールの血中濃度が上昇しすぎると酩酊状態となり、泥酔から昏睡、最悪の場合には呼吸困難から死にいたることさえ生じえます。

お酒は「両刃の剣」というべき特性をもっており、正しく付き合えば、長い歴史が教えてくれるように健康への効用が期待できるでしょう。一方で、飲み過ぎで自分の体を壊したり、他人に迷惑をかけたり、飲酒運転で取り返しのつかない事態を引き起こしたりといった負の側面も忘れてはいけません。こうした特性を十分に理解したうえで、日々の生活の中でお酒をうまく楽しむように心がけたいものです。

アルコール健康医学協会のホームページ（http://www.arukenkyo.or.jp/）には、「正しいお酒の飲み方＝適正飲酒」をわかりやすく簡潔に整理した「適正飲酒の10か条」が掲載されています。

〈適正飲酒の⑩か条〉

❶談笑し　楽しく飲むのが基本です
❷食べながら　適量範囲でゆっくりと
❸強い酒　薄めて飲むのがオススメです
❹つくろうよ　週に二日は休肝日

❺やめようよ　きりなく長い飲み続け
❻許さない　他人(ひと)への無理強い・イッキ飲み
❼アルコール　薬と一緒は危険です
❽飲まないで　妊娠中と授乳期は
❾飲酒後の運動・入浴　要注意
❿肝臓など　定期検査を忘れずに

日本はすでに、超高齢社会を迎えています。

個々人の生活の質の向上や医療費・介護費の削減のために、健康寿命を延ばすことがこれからの日本にとってきわめて重要な課題です。「健康日本21（第2次）」の目標の一つにも掲げられており、健康寿命を延ばすための課題として、生活習慣病の予防や生活習慣の改善、社会環境の整備などが挙げられています。

その中に、適正飲酒も含まれます。お酒は、孤独や不満をまぎらわせるために飲むものではありません。生活を楽しむために食事とともにお酒を飲み、適正飲酒を心がけることが、健康の維持に結びつきます。その結果として、健康寿命の延長につながっていくはずです。

「適正飲酒」を心がけて、長く、楽しく、健康に人生を楽しんでいこうではありませんか。

第9章

これぞマリアージュ！ビールと料理のハーモニーを楽しむ

9-1 ビールは料理に合う！

ビールと相性のいい料理とは……!?

和食には清酒や焼酎、フランス料理やイタリア料理にはワイン、中華料理には紹興酒や白酒……などといわれます。料理のタイプごとに最適なお酒の組み合わせがあるということですが、それでは、ビールはいったい、どんな料理と相性がいいのでしょうか？

どんな料理にも合う！——こう感じている人も多いのではないでしょうか。ビール評論家の田村功氏は、次のように記しています。

「ビールに備わっている適度の酸味は、料理の塩味からカドを取り去り、舌に心地よく和らげます。ビールの苦味はまた、料理の甘味をさっぱりとさせ、同時に食材の旨味を引き立てます。ビールの軽い甘味は、魚介類の内臓、それから野菜や山菜にもよく見られる渋味やエグ味を軽くしてくれます。ビールのフルーティーな香りは、料理の酸味にツヤを与えます。ビールのスパイシーな香りは、料理の甘味にまるみをもたらします」（『ベルギービールという芸術』光文社新書）

ビールはすなわち、あらゆる料理のバランスを口の中でうまく引き出す「口中調味」に向いているお酒なのです。

ビールは、全体として淡い味わいでありながら、基本五味である甘味・酸味・塩味・苦味・旨味、さらには渋味が、数ある醸造酒の中でもすっきりとバランスよくまとまっています。他のお酒は、ビールに比べて味が強く、明確な輪郭をもち、甘味・旨味・酸味、あるいはアルコール味に特徴があって、より個性を強く感じさせます。香りに関してはどのお酒にも独自の訴えるものがあり、原料（ビールであれば麦芽やホップ、清酒であればお米、ワインであればぶどう）や製法（酵母の種類、発酵や熟成条件など）によって、特徴的な香りを醸しています。

ビールで「生活に潤い」を

少々贔屓がすぎるかもしれませんが、他のお酒と比べて香味が突出していない点や味が比較的淡いという成分上の理由から、ビールこそ、料理を楽しむのにふさわしい「口中調味」に適したお酒といえます。ビールは爽快感あふれる飲み物であり、違った料理に移行する際に口中の洗浄やリフレッシュメント効果も期待できます。料理の合間にビールを挟むことで毎回、各料理の味を新鮮に感じさせる役割もはたしてくれます。

一方、ビールを飲むとお腹が張るので、食事と一緒には向かないのではという人もいるようです。もちろん、飲みすぎてしまうと、酔っぱらったりお腹が張ったりして、食事や会話を楽しむのに差し障りが生じるかもしれません。ただ、胃の大きさや利尿代謝には個人差があるものの、ビールは他のお酒に比べて低アルコールであることから、体への負担は比較的少ないといえます。リラックスしたほろ酔い加減は胃液の分泌を高め、食欲を増進する効果も有します。

最近では、仲間どうしのコミュニケーションを活発にしたり、食事をおいしく食べられるという観点から、ビールのもつさまざまな効能が見直され、北米ではビアパブ付きの老人ホームも登場していると聞きます。おいしい食事には楽しい会話が必要であり、そのために適量のビールを上手にたしなむことは「生活に潤い」をもたらすことにつながります。

最終章となる本章では、ビールにぴったりの相性のよい料理を具体的にご紹介しますが、その前に、ビールの成分上の特徴についてかんたんに振り返っておきましょう。

麦芽とホップが生み出すビールの特徴

清酒、ワインなどと異なるビールの大きな特徴は、原料のホップに由来する苦味成分と多量の炭酸ガスを含んでいる点にあります。炭酸ガスやホップ成分はビール独特の爽快感を与え、食事中の口中のリフレッシュメント効果を備えています。比較的多量に飲用しても、胃に飽和感を与えることの少ないきわめて特異性をもった飲料です。成分的には、ホップ由来の苦味成分であるイソアルファ酸によるところが大きいと考えられています。

ホップを使うお酒はビールだけです。第2章でも紹介したとおり、ビールの最も大きな特徴は

「ゴクゴク飲める」（ドリンカビリティがある）ことですが、加えて胃からの排出速度も優れています。他のお酒に比べて血中アルコール濃度の上昇がゆるやかで、濃度の低下もすみやかであるといわれ、体に優しいお酒といえるでしょう。

さらなるビールの特徴の一つとして、エキスの形態を挙げることができます。エキスの大部分を構成しているのは、主原料である麦芽やその他の原料中の炭水化物や多糖類、タンパク質などが、麦芽自身の酵素（アミラーゼ、ヘミセルラーゼ、プロテアーゼなど）によって分解されたものです。製品としてのビール中には、これら分解物やホップの苦味成分が複雑なコロイド状態で存在しています。ビール中の炭酸ガスはコロイドと結合しているため、胃の中での分解は徐々に起こり、炭酸清涼飲料水などに比べて刺激が温和で、胃の飽和感が少ない飲料です。

日本のビールにおけるポリフェノールの含有量は１８０～３２０㎎／Ｌ程度とされ、ビールにコクや渋味、収斂味や「味の締まり」を与えます。無機成分は、灰分としておよそ０・１～０・２％、他にビタミンなども含まれますが、特にナトリウムが少なくカリウムが豊富であることも特徴的です。塩分の少ない健康的な飲料であり、またカリウムを多く摂取することによって、利尿効果が促進されることも前記のとおりです。

ビールの水素イオン濃度（pH）は、淡色ビールではおよそ４・２～４・５で酸味のあるアルコール飲料ですが、pH３・０以下であるワインほど酸味は感じません。

9-2 本場ドイツの料理とビール

ビールといえばドイツ！

誰もがすぐに連想するイメージでしょう。名実ともにビールの故郷であるミュンヘンを州都とするバイエルン地方に行くと、あらゆる食べ物がビールと相性よく感じられます。この節では、バイエルン地方でビールに合うおつまみとして広く親しまれているものを紹介します。

ドイツ人は肉が大好きです。肉はドイツ料理の最も重要な材料の一つで、たとえば、肉のローストはどの家庭でもつくられます。豚肉のロースト料理には、シュヴァイネハクセ（豚のすねの骨付き肉を皮ごと焼いたもの）やシュヴァイネブラーテン（いわゆるローストポーク）などがあります。その他、ヴィーナーシュニッツェル（ウィーン風仔牛のヒレ肉のカツレツ）も有名です。

ドイツの肉料理はソースに凝るよりも、肉そのもののうまみを引き出す調理法が多いようで、人々はこうした料理に地元のビールを合わせて豊かな食生活を送っています。

ソーセージのバリエーションを楽しむ

図9－1　〝ミュンヘン名物〟白ソーセージ

ドイツのソーセージは５００種類以上もあるといわれ、さまざまな料理の付け合わせとして使われています。そのほとんどは温めても冷たいままでもおいしく食べられますが、食べ方が決まっているものもあります。

たとえば、シュラハトヴルスト（牛肉が４分の３、豚肉が４分の１）は冷たいまま食べられ、コッホーブラートヴルスト（豚肉、調味料のみ）は炒めて食べます。どの地方のソーセージも、地元のビールとの相性は抜群です。

バイエルンの名物ソーセージとしては、ミュンヘンのヴァイスヴルスト（白ソーセージ）があります。ごく新鮮な仔牛肉でつくられた太めの柔らかいソーセージで、特製の甘ずっぱいマスタードをたっぷりつけて食べます。ヴァイスヴルストは茹でて食べるため、脂分も少なく、味もハーブが効いた優しい味で、日本人好みです。なかでも酸味の効いたヴァイツェンビール（小麦ビール）、岩塩がまぶしてある塩パンのブレッツェル（B字形パン）とヴァイスヴルストの組み合わせはことのほか相性がよく、ミュンヘンでは伝統的なビアホールの午前中のメニューとして広く親しまれています（図9－1）。

ミュンヘンに次ぐバイエルン州第二の都市・ニュルンベルクのニュルンベルガーソーセージも有名です。仔牛肉の焼きソーセージで小指ほどの大きさしかなく、日本人の胃袋の大きさにもちょうどいいでしょう。付け合わせにはザウアークラウト（塩漬けキャベツ）やメアレティヒ（西洋わさび）などが合いますが、カリカリに焼いたゼメル（外がカリッとして中がもっちりとした丸いパン）に挟んで食べると格別で、たとえば地元で有名なトゥッヒャーブロイのピルスナービールや、ヴァイツェンビール（小麦ビール）などと非常によく合います。ニュルンベルガーソーセージはやや塩辛いので、ビールとの相性がきわめていいのです。

肝臓のチーズ!?

肉料理の多いドイツにおいて、ソーセージの他にビールに合うおつまみの一つにレバーケーゼがあります（図9－2）。「肝臓のチーズ」という意味の言葉ですが、一般に、牛肉、豚肉、ベーコンを細かく挽いたものに、塩、胡椒、たまねぎを加えてナツメグなどの香辛料で風味をつけ、長方形の型に入れて蒸し焼きしたものをいいます。

表面にできるこんがり焼けた皮がおいしく、焼きたてのものは格別です。厚切りにして、やはり焼きたてのゼメルと一緒にマスタードをつけて食べると、よりいっそうおいしさが引き立ちます。ビアガーデンではソーセージ同様、ビールに欠かせない食べ物として広く好まれています。

図9－2　レバーケーゼ

ザウアークラウトは最高のバイプレーヤー

ザウアークラウトとは、きざんだキャベツに塩を加えて発酵させたものです。直訳すると「酸っぱいキャベツ」という意味で、日本流にいえば、まさにキャベツの漬物です。ドイツでは、ソーセージや他の肉料理の付け合わせにするだけでなく、他の食べ物と混ぜ合わせて調理することもあります。口当たりがよく、ほどよい酸味が料理を引き立ててくれます。香りもこまやかなので食欲がそそられ、おのずとビールも進みます。その歴史は古く、つくり方は東洋から古代ローマに伝わったものといわれており、現在にいたるまでほとんど変わっていません。

シュツットガルト近郊には、キャベツがおもな産物の農場があり、主として大規模なザウアークラウトの製造工場が買い上げています。一方で、工場生産のザウアークラウトだけでなく、今でも手づくりする家庭もあり、祖母から孫に伝わる伝統料理の一つです。ドイツ料理の中でも最もポピュラーで欠かせない一つであり、ビールに合う料理を支える名脇役といえます。

地方色あふれるドイツのビールと料理

ビールの本場ドイツにおける地域ごとの代表的なビールと、それに合う地元料理について紹介しましょう。

❶デュッセルドルフのアルト

アルトは、デュッセルドルフ特産の上面発酵ビールで、濃色麦芽由来の赤褐色をしており、香味は爽やかで、苦味が心地よいマイルドな味わいをしています。前記のとおり、アルト（Alt）はドイツ語で「古い」という意味で、ラガービールが流行する前の伝統的な製法で造られたビールであるという意味が込められています。

19世紀半ばのデュッセルドルフには、100を超えるアルトビールの醸造所があったといわれていますが、現在では激減しています。オスト通りにあるシューマッハー醸造所は1838年創業の歴史的なビアレストランで、自家製のシューマッハーアルトが楽しめます。

ベルガー通りのツムユーリゲは典型的なドイツのビアホールで、ビールの種類が豊富です。ちなみにユーリゲ（Ürige）は「風変わりな」「奇妙な」を意味し、創業者が風変わりな性格であったことから名づけられたといわれています。王冠を使わないスウィングトップ型（王冠の代わりにワイヤーで押さえた、パッキン付きの白い陶器製の蓋で栓ができるタイプ）の瓶に詰められた個性的な形状です。ラティンガー通りのフュクスヒェン醸造所も定評があります。

デュッセルドルフには牛肉を赤ワインと酢に漬けこんで焼いた後、さらに漬け汁で煮込んでつくったザウアーブラーテンという有名な肉料理があり、これがアルトとよく合います。また、生豚肉をたまねぎと塩・胡椒でたたいたものを、切ったフランスパンの上に載せて食べるメットも、旨味のあるアルトの味にぴったりです。生豚肉を食べて大丈夫なの？　と心配する人もいらっしゃるでしょうが、必要な衛生管理がなされた環境下で飼育した豚を使っているので安心です。あっさりした豚肉の味が、次の一杯を促してくれます。

アルトを飲むときは、特に追加の注文をしなくても、お店の人が岡持ちのようなケースにビールのグラスを入れて歩き、空になった人からどんどんお代わりを出してくれます（当然ながら、勘定のためにそれが何杯目であるのかをコースターに記しています）。飲み終える際には、グラスの上にコースターを載せればよいようです。アルトのグラスは小さいので、〝わんこそば〟ならぬ〝わんこビール〟といった感覚です。

❷ケルンのケルシュ

デュッセルドルフの隣町であるケルンでは、この町の特産である上面発酵のケルシュが有名です。上面発酵独特の果実様のエステル香に富みながら、すっきりした爽快な味わいの淡色ビールです。すでに1250年には醸造されていた記録が残っており、原料、香味スタイル、醸造所はビール醸造者組合によって厳格に保護され、現在はケルン近郊の24醸造所で造られるものだけがケルシュを名乗ることができます。

ケルシュとは「ケルンの」を意味しています。ケルンのシンボルといえば、世界文化遺産にも登録されている157mの高さを誇る迫力満点の大聖堂（Dom）ですが、ケルシュが飲めるレストランがこの大聖堂周辺にも数多くあります。アルトケルンアムドームもその一つで、大聖堂のシルエットが瓶のラベルに描かれたドームケルシュが人気です。アンティークなインテリアも楽しめるビアレストランです。フリューアムドームでは、フリューケルシュを味わうことができます。世界文化遺産を眺めながら飲むビールは、まさに至福のひと言です。前項のアルトもこのケルシュも、ともに円筒状の小さめの専用グラス（200～250㎖）を使用するため、そのおいしさにつられて、ついつい飲み過ぎになりがちです。

ケルンにはカリカリに焼いたおいしいソーセージ（ブラートヴルスト）があり、これがまた、すっきりした味わいのケルシュにとても合います。

③ミュンヘンのヘーフェ・ヴァイツェン

ミュンヘンを中心に、南ドイツには小麦麦芽を使ったヴァイツェンビールがあります。

ヴァイツェンビールの典型は後発酵を瓶中で行う瓶熟成の酵母（ドイツ語でヘーフェ）入りヘーフェ・ヴァイツェンです。本場ドイツでは一般的に、円錐形の専用グラスに注いで飲まれており、視覚的にも楽しめるビールです。ミュンヘンには伝統あるビアホールが多くありますが、パウラナー、フランツィスカーナー、アウグスティーナなどで、おいしいヘーフェ・ヴァイツェンを楽しめます。

上面発酵酵母による発酵と小麦麦芽由来のフルーティーな香りが特徴的で、炭酸ガスも比較的多く、爽やかな味わいが魅力となっています。前述のとおり、ヴァイツェンビールのつまみは何といってもミュンヘンのヴァイスヴルスト（白ソーセージ）が最高です。ヴァイスヴルストは朝のみのメニューとなっていることも多く、時間によっては食べ損なうこともありますのでご注意ください。

❹バンベルクのラオホビール

ニュルンベルクの北方60㎞ほどに位置するバンベルクは、第二次大戦の戦禍をまぬかれ、中世の佇まいを現在に残しています。町全体が世界遺産に登録された、とても美しいところです。町の中央を流れるレグニッツ川沿いに家々が建ち並ぶ風景がよく知られており、〝小ヴェネツィア〟と称されています。

バンベルクでは煙（ラオホ）でいぶした燻製麦芽を使用するラオホビールが有名です。町の中心に近いランゲ通り沿いにあるシュレンケルラというビアレストランで飲めるラオホビールは、黒ビールに近い濃い色合いで、独特の強いスモーキーな香りを楽しむことができます。飲み応えのあるその味わいは、肉料理を中心とした地元のフランケン料理によく合います。

9-3 日本のビールに合う料理は？

日本のビールの特徴

ビールの種類は世界各国さまざまで、その国ごとに自慢のビールがあります。日本でも、明治以降のビール文化の到来とともに、日本人の嗜好に合ったビールが開発・製造され、これと歩調を合わせるように、ビールのつまみとなる料理や、ビールと食事の相性などが永年研究されてきました。ここではおもに、ピルスナータイプの下面発酵淡色ビールを取り上げます。地ビールやクラフトビールも含め、多種多様なものが製造されている現在でもなお、日常的に最も多く飲まれているビールの代表的存在だからです。

ビール文化の本格的な導入から150年ほどしか経っていないにもかかわらず、日本のビールは世界に冠たる品質を誇っています。その特徴は、「おだやかで、突出した特徴ではなくバランス重視の、ふくよかな麦芽の旨味と爽やかな後味の、新鮮感・軽快感・爽快感あふれる、繊細な香味のビール」と表現できるでしょう。

日本人は古来から感性豊かで、四季折々の風情や旬の味覚、「だし文化」に見られる繊細で絶妙な味のバランス、個々の地域それぞれがもつ汲めども尽きない奥深い食文化、そのような食に対する日本人の感覚にマッチするかたちでビール文化も磨かれ、進化してきたと考えられます。

日本のビアホールでの定番おつまみは？

少し古い調査結果ですが、ビジネスマン向けの雑誌に以前、「ビヤホールのつまみベストテン」という特集が掲載されたことがあります（『日経ビジネス』1997年7月14日号）。ランキングの第1位は「枝豆」でした。

ビアホールでは「とりあえず枝豆」という人も多いのでしょうが、ビールと枝豆の塩味の相性がぴったりであることが大きな要因と考えられます。特に、梅雨明けや夏の疲れがたまる時期にビアホールで味わう旬の枝豆と、爽快感あふれる冷たい生ビールによるリフレッシュ感は最高といっても過言ではありません。

血液などの体液中はカリウムに比べてナトリウムが多いのに対し、ビールではその反対になっています。生理学的には、カリウムが多いビールを飲むとやがて尿となってカリウムを排出しますが、その際にナトリウムも排出してしまうので、体内は一時的にナトリウム不足になります。その結果、体がナトリウムを欲することになるのです。すなわち、ビールを飲むと枝豆などの塩分が多いものを食べたくなるのは理にかなっています。

ランキングの結果に戻ると、第2位はシーフード刺身サラダ、第3位はフライドポテト、第4位はソーセージの盛り合わせ、第5位はミックスピザ、第6位はステーキ焼きそば、第7位はローストビーフ、第8位は生ハム、第9位は自家製枡とうふ、第10位はトマトとアスパラサラダとなっていました。ランキング外ではありますが、鶏の唐揚げはコンスタントに人気が高かったようです。

その約10年後に行われた調査（2008年8月「ビヤホールライオン銀座七丁目店」調べ）では、人気の酒肴は、第1位がポテトとソーセージのガーリック炒め、第2位はコンビネーションサラダ、第3位はソーセージ盛り合わせ、第4位は枝豆、第5位はローストビーフ、第6位はチキンの唐揚げ、第7位はビヤホールウインナー、第8位はピッツァマルゲリータ、第9位は海鮮ソース焼きそば、第10位はロングガーリックトーストとなっています。

最近の調査（２０１７年8月「ビヤホールライオン銀座七丁目店」調べ）でも、トップテンはほぼ変わっていません。枝豆やソーセージ、チキンの唐揚げは、相変わらず人気が高いようです。

以上を見ると、塩味の効いた料理がほとんどであることがわかります。塩味だけでなく、脂肪や油系の料理に対してもビールは相性がよいといわれますが、ビールの爽快感、すっきり感が口中をリフレッシュさせ、脂分のしつこさを洗い流すことがその理由として考えられます。

コク・キレセンサー（46ページのコラム参照）を用いた最近の研究では、ホップの成分には食べ物の脂分を口中から洗い流す効果があることが科学的に示されました。昔に比べて現代の日本人の食事は脂分が多くなってきていますので、ビールとの相性はますます高まっているといえます。

また、味のおだやかな従来の和食メニューにも、日本のビールは相性がよいと思われます。繊細な舌をもつ日本人の感覚がビール造りにおいても発揮され、洗練されたおだやかな香味を特徴とする方向へ発展してきたことによるのでしょう。

同じピルスナービール系でも、ドイツやチェコのピルスナーはホップを効かせたしっかりした味で、いかにもドイツやチェコの肉料理に負けじと自己主張できるビールです。また、アメリカのピルスナーは、苦味が弱くて止渇効果が強く、水のようにゴクゴク飲める、パンチの効いた清涼飲料水的なものになっていて、ハンバーガーやポテトチップスなどによく合います。

それらに比べ、日本のビールは味のバランスが非常によく、全体としておだやかで繊細であるという国際的な評価も正当なものであると思います。

9-4 深化するビールと料理の「マリアージュ」

万能ゆえのマリアージュ探しを楽しもう

前節まで、ドイツや日本におけるさまざまな食べものとビールの組み合わせ＝相性について触れてきました。西欧では、「運命の出会い」といえるほどお互いに惹かれ合った者どうしとして、ワインとチーズが挙げられます。特にフランスでは、古くからワインと相性のよい食べものとの組み合わせを、生まれる前から結ばれる運命にあった最高の恋人になぞらえ、「マリアージュ」（結婚）とよんできました。

このマリアージュは、ワインとチーズの関係に限られたものではありません。ビールにも、すっきり爽快でキレが良く、後味がさっぱりしたものから、ボディーのしっかりした、甘く芳醇で香ばしい麦芽の風味の強いもの、あるいは爽やかな苦味とフルーティーなホップの香りの効いたシャープなタイプまで、さまざまなタイプがあります。さまざまな食べ物と「運命の出会い」をはたす可能性も高く、マリアージュという視点からワインと同様の楽しみが広がっているのです。

ドイツや英国、ベルギーといったビールを大切にする伝統のある国では、食事との組み合わせの探究が歴史とともに進化・深化してきており、その他の国々もこれに追随しています。最近では、クラフトビール醸造所が個性的なスタイルのビールをさまざまに造るようになり、また、創造性豊かなシェフに幅広い選択の余地が生まれるにつれて、ビールと食事を組み合わせる技がいっそう磨かれています。

ビールを料理に組み合わせる際の基本的なポイントは、「互いの持ち味を損なわないこと」と「それぞれを引き立てること」です。たとえば、魚介や鶏肉、サラダ等の自然の素材を活かした料理には、爽やかな香味のドイツの淡色ラガービールが有力な候補となるでしょう。燻製香が食欲をそそるスモークサーモン等には、香味特徴の強い黒ビールやスタウトが合いそうです。

似通った風味の組み合わせが、相乗効果を生み出す場合もあります。クラフトビールブームを牽引する、ホップの鮮烈な風味が特徴的なＩＰＡ（インディア・ペールエール）でいえば、カレーやメキシコ料理、米国のバッファローウィング等のスパイシーな料理と合わせるのが好例です。その他の個性的なビールには、フルーティーで塩気のあるハードチーズがよく合います。

一見、ビールには合わなそうな甘いデザートとの組み合わせも、多くの選択肢が考えられます。スタウトはチョコレートとの相性も案外よく、濃厚・芳醇な味わいのビールがデザートの甘さに負けずマッチします。濃色系のベルギービールやアルコール分の高いバーレーワインには、上質なミルクチョコレートがよく合います。個性的なビールとさまざまな料理の組み合わせを試すことは、まさしくよきマリアージュを探し出す試みであり、とてもワクワクします。

おだやかな香味と爽快なホップが特徴のピルスナービールが、オールマイティにどんな料理にも合うことも事実です。1842年に発明されたピルスナー・ウルケルに端を発するピルスナービールが、170年以上も経った現在でもなお、ベストセラーであり続けている驚きの理由はここにあります。

ビールと料理のマリアージュをご自身で探してみる際には、まずはおおまかな感覚を手探りで摑んでいくところから始めるといいでしょう。どんなビールとどんな料理が合うのか、気後れせずに試してみてください。

ビールには、ワインでいわれるほどには食べ物との相性における厳密さは存在しません。「どんな料理にも合う」万能性が、ビールのもつ最大の特徴だからです。それゆえにこそ、「これぞぴったり!」というマリアージュに出会うことができたら、喜びもより大きいというものです。

あくまでも自分の感性で、自分の好き嫌いを把握しながら試行錯誤するのが原則です。新しい発見をもとに、なによりもご自身が楽しむことが第一なのですから――。

「ビールと料理の相性」を科学する

最近では、科学的な手法を用いてビールと料理の相性（マリアージュ）を突き詰めようとする研究も行われています。

ワインでは「魚介には白、肉には赤」とよくいわれます。ところが、魚介料理とワインを同時に口にした瞬間、まれに不快な生臭みを感じることがあります。魚介そのものの臭みではなく、一緒に口にしたときに発生する特異な生臭みが存在するのです。試行錯誤の結果、その原因はワイン中に含まれる鉄であることがわかりました。ワインに含まれる鉄が多いほど、生臭みが強くなるのです。その後の研究で、ワイン中の二価鉄イオンが魚介に含まれる脂質の酸化を促進し、臭い成分を瞬時に発生させるメカニズムが解明されました。

このようなワイン分野における「マリアージュを阻害する食べ合わせ」の科学に関する研究が、ビール分野においても展開されています。ビールを飲む際にも、魚介中の成分とビール中の二価鉄イオンとの反応でワインと同様の生臭いオフフレーバーが発生することなどが、近年報告されています。ワインもビールも、今後はそれ自身の香味成分の研究だけでなく、食とのマリアージュに関する科学的な解明が進んでいくことでしょう。

9-5 ビール料理をつくってみよう

日本では、料理に清酒やみりん、ワインなどをよく使いますが、ビールを使う料理はなかなか見当たりません。ビール文化の歴史が長いドイツやベルギーなどでは、ビールを使ったおいしい料理が多く知られています。どの料理も地元の銘柄を上手に取り込んでいて、地元のビールや料理を愛する熱い想いを感じることができます。いくつかご紹介しましょう。

なお、以下のレシピは、もともとの調理法にしたがって筆者らが実際につくってみたうえで、いくらかのアレンジを加えたものであることをあらかじめお断りしておきます。

ドイツ 温かいビールのスープ

Heiße Biersuppe（ハイセ・ビーアズッペ）

ドイツには数多くのスープがあります。グラーシュズッペ（パプリカ入りの肉入りシチュー）、カルトッフェルズッペ（ジャガイモのポタージュ）、レバークネーデルズッペ（レバー挽き肉団子入りのスープ）などが有名ですが、温かいビールのスープもあります。

なかでも、黒ビールのスープは香りがとても香ばしく、コクのある深い味わいとあいまって体の芯から温まります。さすがはビール王国・ドイツの伝統がなせる技です。

材料（4人前）

ビール：700㎖／砂糖：大さじ1／卵黄：1個分／サワークリーム：2分の1カップ／シナモン、塩、黒胡椒：少々

つくり方

❶厚手のソース鍋にビールと砂糖を入れて強火にかけ、砂糖が溶けるまでかきまぜながら煮立てて、火からおろす。

❷小さなボウルに卵黄を入れ、泡立て器かフォークで強くかきまぜ、そこにサワークリームを少しずつ混ぜ込んでいく。これに、①で温めたビール3分の1カップを加えて混ぜたあと、全体をソース鍋のビールに合わせる。シナモン、塩、黒胡椒少々を加え、鍋を弱めの火にかけてかきまぜながら、スープが少しトロリとするまで煮る。

❸最後に味をととのえたら、すぐに温めておいた蓋付きのスープ鉢に入れるか、各自のスープ皿につぎわける。

※ポイント――ビールを合わせて熱する際は、勢いよく煮立てると固まってしまうので注意が必要。

ベルギー　フランドル風ビール入りシチュー

Carbonades à la Flamande（カルボナード・ア・ラ・フラマンド）

ベルギーのフランドル地方には、この地方の伝統的ビールであるオールドレッドやオールドブラウンを使う「カルボナード・ア・ラ・フラマンド」という郷土料理があります。これらのビールは、クリーク（チェリー）などを混ぜてオーク樽で熟成した、独特の酸味がする風味が強いビールです。このシチューには牛肉、たまねぎ、ビールという3種類の男性的な味わいの材料を使いますが、非常にあっさりと風味豊かに仕上がります。

材料（7人前）

牛肉（赤身の部分を厚さ1・3cmくらいに切る）：1・8kg／たまねぎ（大きめのものを厚い輪切りにする）：900g／小麦粉：3分の2カップ／パセリ：3分の2カップ／ローリエ：小2枚／タイム（粉末）：小さじ2と2分の1／塩：大さじ4分の1／黒胡椒：少々／サラダ油：3分の2カップ／にんにく（つぶす）：6かけ／赤砂糖（三温糖でもよい）：大さじ4／ワインビネガー（赤）：3分の1カップ／ビーフストック：1と3分の2カップ／ビール：720mL

つくり方

❶大きめの厚手のホウロウ鍋の中に焼き目をつけた牛肉と、ざっと炒めたたまねぎを入れ、香辛

料、調味料、ビールを加えて蓋をしてオーブンに入れるだけ。
※ポイント――少しこってりとした味つけにしたいときは、肉に薄く小麦粉をまぶし、フライパンであらかじめ焦げ目をつけてから煮込むとよいでしょう。
手間がかからないため、パーティー料理としてもよくつくられます。ランプ肉（しり肉）やモモ肉といった硬めの肉を沸騰点以下で気長に煮込むと、ほどよく軟らかくなり、肉の中のうまみがじわっと出てきます。

より軟らかく仕上げるにはビールを使うのがよい、とされています。ビールの成分に、肉中のコラーゲンを溶出しやすくする作用があるからです。コラーゲンはタンパク質の一つで、肉を加熱するとタンパク質の保水性が低下し、肉に含まれていた汁がしみ出し、肉中の水分が減少すると同時にコラーゲンが溶出します。ビールを加えることによる溶出効果は、水だけで煮るよりも高いといわれています。

ビールと一緒に煮込んだたまねぎも、まろやかな味のソースになり、肉はとろけるように軟らかくなります。調理しているあいだにアルコール分はほとんどとんでしまい、風味だけが残ってほのかな甘い香りがプラスされます。

図9−3　ビールごはん

日本　和の創作料理　ビールごはん（図9−3）

水の代わりにビールでお米を炊く「ビールごはん」をご紹介します。

ビールからもたらされるコクと旨味がお米に伝わります。強火で炊いておこげをつけると、その香ばしい旨味は絶品です。熱を加えることで、ビールに含まれる糖分とアミノ酸によるメイラード反応が進み、旨味を形成していきます。ビールのつまみとしてもインパクトがあります。

材料（7人前）

お米：4合／ビールだし（ビール：700mL、薄口醬油：60mL、濃い口醬油：10mL、塩：少々）／鶏モモ肉：250g／にんにく、ごま油：適量／万能ネギ、胡椒：少々

つくり方

❶みじん切りのにんにくをごま油で炒め、小さく切った鶏モモ肉、洗ったお米4合を入れて炒め合わせ、それをビールだしと合わせて炊飯器で炊くだけ。

❷炊きあがったら器に盛り、小口切りの万能ネギを散らし、少し胡椒をふってアツアツのうちに

いただきます。
※ポイント——薄味がお好みの人は、醤油の量を加減してください。
「だし」としてのビールの力を驚くほど感じるご飯です。やみつきになること請け合いです。

図９−４　タラのスタウト照り焼き

アイルランド風　タラのスタウト照り焼き（図９−４）

材料（４人前）

タラの切り身：４枚／スタウトビール：１本（３５０㎖缶）／ニンジン：４本（拍子木切り）／レモン汁：大さじ２分の１／ハチミツ：６分の１カップ（60ｇ）／グリーンタバスコ：適量／オリーブオイル：適量／塩：小さじ４分の１／粗挽き胡椒（ミルで挽いておく）：適量

つくり方

❶スープパンにスタウトとハチミツを入れて煮立たせる。カップ半分（１００㎖程度）ほどの量になるまで中火で約20分間煮詰める。
❷①をボウルに注ぎ、レモン汁、グリーンタバスコ、塩を

入れて混ぜたあと冷ましておく。耐熱皿にタラを並べ、スタウトビールのタレの半分を上からかけて両面をよくまぶす。

❸ニンジンを鍋で約5分間茹でてザルにあける。残りのスタウトビールのタレをこの鍋に入れ、強火でとろみがつくまで約2分間煮立たせてからニンジンを加え、タレにからませるように1分間煮立てる。

❹オーブン用トレーにタラの入った耐熱皿を載せ、タラにオリーブオイルをまわしかけて粗挽き胡椒をふる。300℃で予熱したあと、タラに火が通るまで約12分焼く。スタウトで照りをつけたニンジンを添えて盛りつける。彩りに浅葱（あさつき）やレモン、香草をのせてもよい。

創作デザート　チョコレートビール・ケーキ（図9-5）

材料（4〜6人前）

ヴァイツェンビール：1カップ（225㎖）／小麦粉：2カップ（280g）／グラニュー糖：2カップ（400g）／卵：2個／サワークリーム：2分の1カップ（90㎖）／ベーキングパウダー：大さじ1／バニラエッセンス：大さじ1／無塩バター：2分の1カップ（115g）／ココアパウダー：2分の1カップ（70g）／粉糖：少々

（トッピング）生クリーム：200㎖／グラニュー糖：大さじ2

つくり方

❶ヴァイツェンビール1カップをソースパンに入れて中火にかける。バターをさいの目に切って加え、溶かしながら混ぜる。グラニュー糖とココアパウダーを入れて溶かし、火からおろす。
❷サワークリームとバニラエッセンス、卵をボウルに入れ、泡立て器でよく混ぜる。
❸冷めた①に②を加えて混ぜる。これに小麦粉とベーキングパウダーを加えてよく混ぜたあと、180℃に予熱したオーブンで50分焼く。
※ポイント——耐熱皿の内側にバターを薄く塗り、冷蔵庫で約30分間冷やしたあとに小麦粉大さじ1をふるいでまわしかけ、余分な粉をはらっておくとサーブする際に都合がよい。
❹焼き上がり後に常温まで冷めたあとで粉糖をふりかける。生クリームにグラニュー糖を加え、

図9－5　チョコレートビール・ケーキ

ミキサーで攪拌し添える。お好みでラム酒やバニラエッセンスを加えてもよい。

9-6 ビアライゼという愉楽――ご当地ビール文化を訪ねて歩く

飲み歩きを楽しむ

世界各国には、その国の気候や風土、歴史、経済、市場規模、国民の嗜好など、さまざまな環境に合わせて多くのお国自慢ビールが存在します。それらはいずれも、伝統的に地元の料理にうまく融合され、個性豊かな独自の飲食文化を形づくっています。

醸造技術者は、その国の食事との相性をはじめ、ご当地ならではのさまざまなことをイメージし、自ら香味をデザインして原料や製法にこだわり、もっている技術力を駆使してビールを造っています。まさに「ビール造りは人なり」です。どんなに自動化や大規模化が進んでも、「手造り感」があって「想いのこもったもの造り」が大切であることに変わりありません。伝統的嗜好品であるビールの原点を、つねに感じさせるものでなければならないのです。

本書を締めくくる最終節では、筆者らが「ビアライゼ」(ビール飲み歩きの旅)で実際に飲んで感動したビールや料理について、いくつかご紹介します。

ヒューガルデン・ホワイト（Hoegaarden White）　ベルギー

ベルギーを代表するホワイトビール「ヒューガルデン・ホワイト」は、世界の国々で愛されており、その爽やかな香味で数多くのビールファンを魅了し続けています。「ホワイトビール」とよばれるゆえんは、生きた酵母や、小麦由来のタンパク質を多く含み、乳白色をしているからです。コリアンダーやオレンジピールなどのスパイスを使用しているため、独特のフルーティーな香りを楽しめるのも魅力です。

特に、「ヒューガルデン・ホワイト」の樽生ビールを初めて飲んだ人は、その軽い口当たり、爽やかで心地よい香気にあっという間に魅了されることでしょう。

原材料には、地元のミネラルが豊富な水をはじめ、ベルギー産の麦芽（大麦）と生の小麦、ホップの他、先述のコリアンダーやオレンジピールなどのスパイスが、誕生以来、変わることなく使われています。

「ヒューガルデン・ホワイト」の他、「グランクリュ（Grand Cru）」や「禁断の果実（The Forbidden Fruit）」などにもコリアンダーとオレンジピールが使用されており、いずれも独特の個性があります。「最上級」を意味する「グランクリュ」はその名のとおり、高貴な味わいが特徴です。アルコール分が約８％あり、パンチのある力強いビールです。「禁断の果実」は、ルーベンスの絵画「アダムとイブ」を下絵にしたラベルデザインが有名で、とてもまろやかなビールです。その濃厚な芳香と爽やかな香気が絶妙です。これらのビールには、特に地元の鶏料理がよく合います。

ブドヴァイザー・ブドヴァー（Budweiser Budvar）チェコ

チェコ南部、オーストリアとの国境に近いチェスケー・ブジェヨヴィツェという町に、チェコ本来のピルスナービールとして有名な「ブドヴァイザー・ブドヴァー」を製造する醸造所があります。首都プラハから車で2時間ほどの距離です。

美しい黄金色のビールはふくよかで力強く、華やかなホップの香りが全体のバランスを整え、何杯でも飲めてしまうふしぎなビールで、ピルスナービール誕生の地、チェコの底力を感じさせます。醸造所は1895年創立の伝統あるビール会社です。年間製造量は1990年以前の社会主義時代は5万kL程度でしたが、設備投資を続け、今日では最高16万kLの能力にまで達していま す。規模こそ拡大したものの、あくまでもその伝統的製法を守り続けている醸造所といわれています。

チェコ本来の伝統的なビールを守り続けるために、原料にとことんこだわっています。

一つめは水です。地下300mから汲み上げる軟水を使用しています。非常においしいと評判の水で、8000年前の地層水と同等の水質と判定されたといわれています。

二つめは麦芽です。国内のモラヴィア地方のやや発酵度が低めの麦芽を使用しています。１９８５年までは場内で自家製麦をしていたほどのこだわりようでした。

三つめのホップは、とりわけ味において重要な役割をはたしています。ファインアロマホップとしてその品質が高く評価されているチェコ産ザーツ種の乾燥ホップを１００％使用しています。乾燥ホップは収穫後、球花を乾燥してそのまま麻の袋に詰め、ただちに地下室に保管したもので、その質の高い香気がよく保存されます。

こうしたこだわりの原料を用いて、伝統的な変わらぬ設備・製法でていねいに麦汁を仕込み、やや低めの温度でゆっくりと発酵させたのちに、長期間熟成させています。工場見学の最後に、熟成タンクからろ過前のビールを試飲することができました。透き通った黄金色がとても美しく、上品かつ豊かなホップ香が心地よく、それがふくよかで力強いボディー感とあいまって非常にバランスのとれたビールでした。泡もマイルドで口当たりがとても柔らかく、まさに「極上のビール」の一つです。チェコでは、次に述べるピルスナー・ウルケルと双璧をなすビールですが、ブドヴァーのほうが、ややすっきりめという印象でした。

魂のこもったビール造りに感動するとともに、ピルスナービール発祥の地で強い意志をもち、原料や製法にこだわって歴史を守り続けていく姿には、心を打たれるものがありました。地元で有名な肉料理やグラーシュ（牛肉のシチュー）など、さまざまな料理との相性は最高です。

ピルスナー・ウルケル（Pilsner Urquell） チェコ

ピルスナー・ウルケルは「ピルスナービールの源泉」の意味で、チェコのピルゼンで誕生しました。1842年の醸造所創立以来、その伝統を誇り、ブドヴァイザー・ブドヴァー同様、誕生当時からの味を守るために製法や設備の変更には慎重であるといわれています。

ピルスナービールに適した軟水、近郊でとれる麦芽、地元ザーツ種のホップを使用し、醸造所には下面発酵を制御するための低温貯蔵庫と熟成地下蔵が備わっていて、歴史を感じさせます。自慢のビールは黄金色の輝きがあり、香味はふくよかで力強く、また純粋なホップの苦味が心地よく、粘りのある真っ白い泡も特徴的です。スルスルと何杯でも飲めてしまう、まさに〝ドリンカブル〟なビールです。

分析値上は苦味がかなり高いので、ビールの苦味は強く感じるはずですが、残エキス分がやや多く、麦芽の甘めのボディー感とあいまって、苦さを突出しては感じない、ふしぎなビールです。「飲めば飲むほど喉が渇く」とも称されますが、この良質な苦味がもたらす効果なのでしょう。おつまみなしで、ビールだけでもおいしくいただけますが、ブドヴァイザー・ブドヴァー同様、肉を中心とする地元料理との相性はぴったりです。

ビットブルガー・ピルス（Bitburger Pils）　ドイツ

ビットブルガー・ピルスはドイツで最も人気のあるプレミアム・ピルスの一つで、キレがよく、味わいのあるきれいな味をしていて、非常にバランスのとれたビールです。このビールは、ルクセンブルクとの国境に近いビットブルクの町で造られています。ビットブルクは、モーゼルワインの産地としても有名です。

「Bitte ein Bit!」（ビットブルガーを、一杯ください）と手書き風で書かれているラベルは特徴的で、興味をそそられます。爽やかな口当たりは、肉料理か魚料理かを問わず、さまざまなタイプの食事に合う、洗練されたドイツのピルスナービールという印象です。

アンデックス・ボックビール（修道院ビール）　ドイツ

修道院ビールといえばベルギーのトラピストビールが有名ですが、ドイツにも修道院で製造されているビールがあります。その一つが、ミュンヘン郊外にあるアンデックス修道院です。

ここで有名なのがボックビールです。黄金色のベルグボック・ヘル（アルコール分６・９％）と、色の濃いドッペルボック・デュンケル（アルコール分７・１％）があります。

アンデックス醸造場は山の上にあり、最寄りのヘルシング駅から徒歩で１時間ほどかかります。ハイキングにちょうどよく、週末は多くの人で賑わっています。頂上には教会と醸造場の他にレストランもあり、ビールはもちろん、ビールと相性抜群のドイツの伝統的な肉・ポテト・パン料理を楽しむことができます。登りきった達成感に加え、山の上から眺める景色は最高で、その開放感あふれる雰囲気になんとも清々しく満たされた気分になります。この雰囲気の中で飲むベルグボック・ヘルは実に飲みやすく、1Lジョッキがあっという間に空になります。

エール、スタウト系　イギリス・アイルランド

ピルスナーが世界的に席巻する中、イギリスやアイルランドでは現代でも伝統的な上面発酵系のエールやスタウトが多く飲まれています。薄暗いパブのカウンターで代金と引き換えに1パイント（0・57L）グラスをもらい、生ぬるく、炭酸ガスも少なく、苦味の効いたビターエールをちびちびと飲む地元の人たちの姿は、旅愁を大いに誘います。

アイルランドには多くのスタウト銘柄がありますが、ギネススタウトが色の濃いホップの苦味が効いた辛口のスタウトとして世界的に有名です。これらのビールにはやはり、イギリス名物のフィッシュ・アンド・チップス（タラの切り身に衣をつけて油で揚げ、細い棒状のフライドポテトを添えたもの）が最も合うように感じます。タルタルソースをつけて食べることが多いようですが、モルトビネガー（麦芽酢）との相性も抜群です。

アイルランドのダブリンといえば、ギネスの本場です。同社工場の南側に位置する見学施設

「GUINNESS STOREHOUSE」では、歴史や製法など充実した展示を楽しむことができます。最上階のガラス張りのバースペースで、ダブリン市街を一望しながら出来立てのギネスを試飲できるチケットもあります。

　同工場から１・５㎞ほど東に向かったリフィー川の南側に、アイリッシュパブが軒を連ねるテンプルバー地区があります。どのパブも窓に美しい花をたくさん飾り、路地を歩くと店内の弾き語りの音楽があちこちから聞こえてきます。地区の名前と同じザ・テンプルバーは、赤い壁一杯の花々が目を引く歴史あるパブです。新鮮なアイリッシュチーズとサーモンに、ギネスが実にマッチした記憶が残っています。

図９−６　北イングランドを代表する正統派パブ「ザ・ブラックスワン」

　ひと口にエールといっても、ビターエール以外に、マイルドエールやブラウンエール、ペールエールなどのさまざまな銘柄や種類があり、また地ビールも多いので、イギリスやアイルランドを旅する際には、ぜひ上面発酵ビールの文化を楽しんでください。

たとえば、北イングランドの古都ヨークへの旅はいかがでしょうか。北東エリアの旧市街にある正統派パブ、ザ・ブラックスワン（図9－6。建物の歴史は15世紀の市長の家に遡り、16世紀の後半にパブへと改装されて17世紀に拡張した）で堪能したエールビールとジャイアント・ヨークシャープディング（巨大サイズのパイ）は非常に印象に残っている料理の一つです。

このプディングは、一人ではとても食べきれないほどの大きさですので、数人でシェアするのがちょうどいいでしょう（図9－7）。サクサクしたパイ生地に包まれたマッシュポテトには若干の塩味があり、ソースの甘みとのバランスが絶妙の料理です。

図9－7　ジャイアント・ヨークシャープディング
上部のスマートフォンの大きさから、このプディングの巨大さがわかる

これに合うエールビールは、お店の方に奨めてもらった地元ヨークのブルワリーで造られたエールビールのシークストンです。色合いはやや濃色ですが、味わいはすっきりしていて、濃厚なヨークシャープディングを口の中でリセットでき、料理のおいしさが毎回持続します。

料理とビールの相性がとてもいい、まさしくマリアージュの一つと感じた次第でした。

おわりに

「はじめに」でも申し上げたとおり、本書は、2009年3月刊行のブルーバックス『ビールの科学』をベースに、大幅な加筆・修正を加えて書き上げたものです。

今回の改訂にあたっては、幸い旧版の作成に携わったメンバーが全員、再結集することができ、さらには最新の内容を盛り込むために新メンバーにも加わってもらいました。どのような内容をどう加筆・修正すべきかの検討に時間を要し、改訂作業は当初予想していた以上の1年弱かかりました。その間の各メンバーのたゆまぬ尽力に、心より深く敬意を払うものです。

以下に、私とともに今回、改訂作業を行ったメンバーを紹介します（所属は2018年3月現在、五十音順）。

新井健司（サッポロビール㈱　クラフト事業部）
荒木茂樹（サッポロホールディングス㈱　グループR&D本部　価値創造フロンティア研究所）
金子隆史（サッポロビール㈱　生産技術本部　バイオ研究開発部）
木野博康（サッポロビール㈱　新価値開発部）

小松達也（サッポロホールディングス㈱　ロンドン駐在員事務所）
清水千賀子（サッポロホールディングス㈱　グループR&D本部　価値創造フロンティア研究所）
白井昌典（サッポロビール㈱　生産技術本部　生産・技術開発部）
蛸井潔（サッポロビール㈱　生産技術本部　商品・技術イノベーション部）
奈良泰信（サッポロホールディングス㈱　グループ品質保証部）
古庄重樹（サッポロホールディングス㈱　グループ品質保証部）
前田雄明（サッポロホールディングス㈱　グループ品質保証部）
門奈哲也（サッポロビール㈱　生産技術本部　生産・技術開発部）

また、原稿の執筆に際しては、右記メンバー以外のサッポロホールディングス株式会社、サッポロビール株式会社をはじめとする関係各位に協力を仰いだ面も多々あり、この場を借りて御礼申し上げます。改訂にあたり、執筆関係者一同、思いを込めて種々、精査し正確を期したつもりではありますが、万一不備があったとすれば、それは全体を取りまとめた編者のいたらぬところです。大方のご指導を賜れば幸いです。

なお、本書の執筆にあたり、参考にさせていただいた各文献については、ブルーバックスの公式サイト（http://bluebacks.kodansha.co.jp）上にある本書の書誌ページに掲載してあります

(同サイト内で本書の書名検索をしていただくことでご覧いただけます)。各文献の著者・執筆者の皆様に深く謝意を申し上げます。

最後に、本書の刊行に深く理解を示していただいたサッポロホールディングス株式会社代表取締役社長・尾賀真城、サッポロビール株式会社代表取締役社長・髙島英也の両氏に、この場を借りて厚く御礼を申し上げます。

また、講談社ブルーバックス編集部の倉田卓史氏には、改訂作業の期間、粘り強い支援と多くの的確なアドバイスをいただきました。ここに謝意を表します。

2018年6月吉日

渡　淳二

ま・や行

ら・わ行

た行

か行

さ行

さくいん

N.D.C.588.54　318p　18cm

ブルーバックス　B-2063

カラー版 ビールの科学

麦芽とホップが生み出す「旨さ」の秘密

2018年 6 月20日　第 1 刷発行
2023年 7 月10日　第 2 刷発行

編著者　渡　淳二

発行者　鈴木章一
発行所　株式会社講談社
〒112-8001 東京都文京区音羽2-12-21
電話　出版　03-5395-3524
販売　03-5395-4415
業務　03-5395-3615
印刷所　(本文印刷) 株式会社ＫＰＳプロダクツ
(カバー表紙印刷) 信毎書籍印刷株式会社
製本所　株式会社国宝社

定価はカバーに表示してあります。

ISBN978−4−06−512051−4

発刊のことば

科学をあなたのポケットに

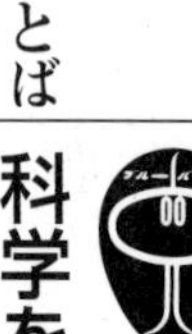

二十世紀最大の特色は、それが科学時代であるということです。科学は日に日に進歩を続け、止まるところを知りません。ひと昔前の夢物語もどんどん現実化しており、今やわれわれの生活のすべてが、科学によってゆり動かされているといっても過言ではないでしょう。

そのような背景を考えれば、学者や学生はもちろん、産業人も、セールスマンも、ジャーナリストも、家庭の主婦も、みんなが科学を知らなければ、時代の流れに逆らうことになるでしょう。

ブルーバックス発刊の意義と必然性はそこにあります。このシリーズは、読む人に科学的に物を考える習慣と、科学的に物を見る目を養っていただくことを最大の目標にしています。そのためには、単に原理や法則の解説に終始するのではなくて、政治や経済など、社会科学や人文科学にも関連させて、広い視野から問題を追究していきます。科学はむずかしいという先入観を改める表現と構成、それも類書にないブルーバックスの特色であると信じます。

一九六三年九月

野間省一